세계 최강의 전투기

F-22 Raptor

머리말

새로운 항공기가 출현하면 늘 마음이 설렌다. 그 항공기를 어떤 목적으로 만들었는지, 어떤 최신 기술을 사용하였는지, 어떤 성능을 갖고 있는지 흥미가 마구 솟구친다. 항공우주 산업은 하이테크 산업의 하나로, 수많은 혁신적인 기술들이 탄생한다. 그중에서도 전투기는 언제나 당대 최고의 기술을 접목해서 개발하기 때문에, 최신예 전투기는 흥미가 한층 더해진다.

록히드 마틴 F−22 랩터는 바로 그런 최신예 전투기라 할 수 있다. 록히드 마틴 사 내에서는 현재 록히드 마틴 에어로노틱스가 항공기 사업을 총괄한다. 나는 취재를 위해 록히드 마틴 에어로노틱스의 본부가 있는 텍사스 주 포트워스(Fort Worth)와, 실제 F−22를 조립하는 조지아 주 마리에타(Marietta)를 매년 방문한다. 그 취재를 통해서도 F−22가 지금까지의 전투기와는 매우 다르다는 사실을 실감할 수 있었다. 그 취재의 뒷이야기를 2가지 소개하겠다.

첫째, 꼭 미국이 아니더라도 방위산업 시설은 원래 보안이 매우 엄격하다. 미국에서는 특별한 허가를 받지 않으면 시설 내에 카메라나 녹음기를 들고 들어갈 수 없다(물론 허가도 잘 나오지 않는다). 하지만 설명 자료(파워포인트 자료)는 웬만하면 받을 수 있다. 그런데 F−16과 F−35의 자료는 받을 수 있었지만, F−22에 대한 자료는 받을 수 없었다. 물론 프레젠테이션 내용을 노트에 필기할 수는 있었지만, 그 원본 자료는 외부로 유출하는 것이 금지되어 있어서 받을 수 있는 자료는 한정되었다.

둘째, 조립 시설이 갖추어진 공장 자체에는 들어갈 수 있었지만, 실제 작업장은 칸막이가 쳐져 있어 안을 들여다볼 수 없었고 그 안에 들어가는 것도 원칙적으로 금지되어 있었다. 딱 한 번 특별한 사정이 있어서 마리에타 공장의 최종 조립 라인을 가까이에서 견학할 기회가 있었는데, 그것은 어디까지나 특별한 사례였다.

언젠가 F-22의 중앙동체부가 포트워스 공장에서 마리에타 공장으로 옮겨질 때의 일이었다. 안내 직원이 "중앙동체부가 조립 작업장으로 반입될 때 조립 라인을 잠깐 보여드리겠습니다."라고 제안했다. 그래서 작업이 진행되기만을 기다렸지만 공장 입구에 도착한 중앙동체부는 더 이상 움직일 생각을 하지 않았다. 직원이 사정을 듣고 와서 하는 말은 "지금 중앙동체부를 반입하면 당신이 작업장 안쪽을 볼 수 있어서 움직일 수 없다고 하네요. 아무래도 여기서 돌아가셔야 할 것 같습니다."였다. 어쩔 수 없이 조립 라인 안쪽까지는 들여다보지 못하고 맥없이 물러나야만 했다.

군용기에 대한 정보를 공개하는 데 엄격한 규제가 있다는 사실은 지금까지의 취재와 경험을 통해 잘 알고 있었지만, F-22는 다른 기종보다 규제가 훨씬 심하다고 느꼈다.

하지만 미국은 역시 정보 공개 선진국답게 허가받은 범위 내에서는 꽤 상세한 설명을 들을 수 있었고, 질문에도 최대한 대답해주었다. 그 덕분에 이 책을 쓸 수 있었던 것이다. 독자 여러분이 이 책을 읽고 최신예 전투기 F-22의 어느 부분이 그렇게 대단한지, 어떤 점이 지금까지의 전투기와 다른지를 알아주신다면 더 바랄 나위가 없다.

F-22는 실전 배치하기 시작하고 나서 아직 많은 시간이 흐르지 않았다. 앞으로 30년 이상 미국 공군 주력 전투기의 한 축을 담당할 것이며, 여러 가지가 꾸준히 개선될 것으로 보인다. F-22는 더욱 진화해서 그 능력을 높일 것이다. 나는 이후로도 F-22의 발전상을 계속해서 추적할 예정이다.

마지막으로 이 책을 집필하는 데 많은 도움을 주신 '사이언스 아이' 편집부 마스다 겐지 씨와 이시지마 기요메 씨에게 감사의 말씀을 드린다.

2008년 11월

아오키 요시토모

차 례

제1장 F-22의 탁월한 성능

제2장 테크니컬 가이던스

제3장

무장

제4장

F-22가 탄생하기까지

제5장

F-22의 제작과 운용

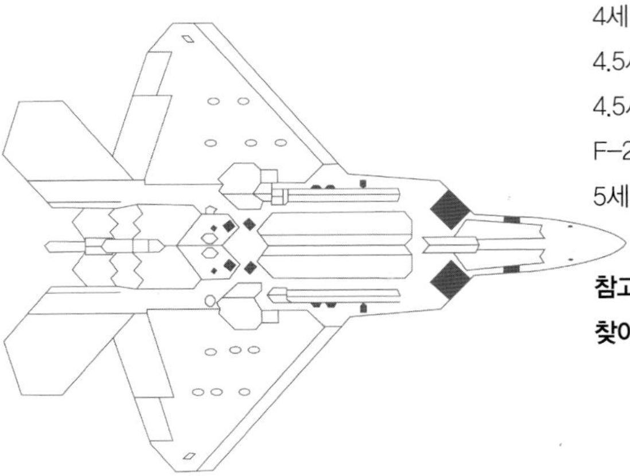

제6장

제트전투기의 세대 구분

제1장 F-22의 탁월한 성능

현재 전 세계의 공군에서 운용하는 전투기 가운데 가장 우수한 것으로 정평이 나 있는 미국 공군의 최신예 전투기 F-22 랩터(raptor: 맹금류). 그 막강한 전투력은 어떤 기술을 통해 발휘되는 것일까? 이 장에서는 스텔스성, 초기동성, 초음속 순항비행 능력 등 F-22의 최신 기술을 차례로 설명한다.

F-22의 특징

미국 공군의 최신예 전투기 록히드 마틴 **F-22 랩터**는 현재 전 세계의 공군에서 운용하는 전투기 가운데 가장 최근에 개발된 전투기다. 제작사 록히드 마틴은 기존의 전투기에는 없는 특징을 갖췄다고 해서 F-22를 **5세대 전투기**라고 부른다.

F-22의 특징은 높은 스텔스성, 더욱 발전된 운동성, 초음속 순항비행 능력, 최신 센서정보를 융합한 높은 상황인식력, 네트워크를 활용한 작전능력, 높은 전개능력, 뛰어난 유지 · 관리성 등 기존 전투기보다 뛰어난 능력과 기능을 모두 취합했다는 것이다. 이런 능력들을 앞으로 하나하나 설명하겠다. F-22는 이런 수많은 능력 덕분에 다른 전투기를 압도할 수 있는 전투력을 갖추었을 뿐 아니라, 격추당할 가능성을 크게 줄임으로써 높은 생존성까지 확보했다.

그 예를 하나 들면, 2006년에 미국 공군이 **노던 에지**(Northern Edge) 훈련을 할 때 갓 취역한 F-22가 모의 공중전에서 241대 2라는 격추율을 기록했다. 이는 F-22가 적기 241대를 격추하는 동안 2대밖에 격추당하지 않았다는 뜻이다. 일반적으로 5대 1 정도의 격추율을 기록하면 압승이라고 평가하므로 F-22의 241대 2라는 격추율은 완벽한 승리라고 할 수 있는 수치다. 덧붙여, 이 훈련에서 F-22는 97%의 작전 가동률을 기록했다. 상태가 좋지 않아 출격하지 못한 비율이 겨우 3%라는 뜻이다. 이 또한 전투기로서는 경이적으로 높은 수치이다. F-22는 취역하자마자 그 실력을 유감없이 발휘했다고 할 수 있다.

록히드 마틴 F-22A 랩터는 스텔스성, 초기동성, 초음속 순항 등 지금까지의 전투기에는 없던 능력을 갖춘 미국 공군의 최신예 전투기다. 그 점을 강조하기 위해 록히드 마틴에서는 F-22 랩터를 5세대 전투기로 분류한다. (사진 제공 : 록히드 마틴)

스텔스

군용기 용어로 최근에 자주 들을 수 있는 말이 스텔스(stealth)이다. 스텔스란 잠행을 의미하며, 잘 발각되지 않도록 하는 기술을 뜻한다. 기본 설계 단계부터 적극적으로 스텔스 기술을 도입해서 적에게 쉽게 발각되지 않도록 개발한 전투기나 폭격기를 스텔스 전투기 또는 스텔스 폭격기라고 부른다.

항공기를 발견하는 데에는 여러 가지 수단이 있다. 기본적으로는 인간의 오감인 시각, 청각, 미각, 후각, 촉각 가운데 시각과 청각으로 발견할 수 있다. 따라서 되도록이면 전투기의 소음을 줄이거나 눈에 잘 띄지 않게 만드는 것도 넓은 의미의 스텔스 기술이라고 할 수 있다. 눈에 잘 띄지 않게 만들기 위해 기체의 크기를 최대한 줄이거나, 배경색과 비슷한 보호색을 칠하는 방법을 널리 사용하여왔다.

그런데 제2차 세계대전 때 더 먼 거리에서 항공기를 발견할 수 있는 새로운 기술이 실용화되었다. 전파를 사용해서 표적을 탐지하고 거리를 재는 레이더(radio detecting and ranging, RADAR)가 탄생한 것이다. 오늘날 레이더는 항공기를 감시하는 가장 효과적인 수단으로 널리 사용되고 있다. 그러므로 오늘날 스텔스 기술이라고 하면 레이더에 포착당하지 않는 기술이라고 해석하는 것이 일반적이다. 물론 인간의 오감도 무시할 수 없으므로 스텔스기는 인간의 눈과 귀에도 포착당하지 않도록 하는 기술도 도입한다. 또한, 미사일 유도장치나 항공기에 장착한 탐지장치에서 다른 항공기가 내뿜는 열(엔진 배기가스나 비행 중의 마찰로 인한 열)을 감지하는데, 이에 대한 스텔스 기술도 도입되고 있다.

스텔스 기술이라고까지는 할 수 없지만, 육안 발견에 대비한 은폐성을 높이는 수법으로 예전부터 위장 도색을 사용했다. 사진은 미국 공군의 FB-111A 전투폭격기로, 육지 상공을 저공비행하는 임무가 많기 때문에 지상과 구별하기 힘든 색과 패턴으로 칠해져 있다. (사진 제공 : 미국 공군)

일본 항공자위대는 이라크에 C-130H를 파견할 때 기체가 하늘과 분간되지 않도록 하늘색으로 칠해서 파견했다. 이렇게 하면 지상에서 쏘는 미사일 공격을 피할 수 있다. (사진 제공 : 일본 항공자위대)

스텔스의 원리

레이더에 대한 스텔스성을 나타낼 때는 레이더 단면적(radar cross section, RCS)이라는 수치를 사용한다. RCS는 어떤 물체를 레이더파로 포착할 때 그 레이더파의 반사파가 레이더로 돌아오는 부분을 면적으로 나타낸 것으로, 스텔스 기술을 사용하지 않은 전투기의 경우 5m^2 정도이다. 이 수치는 물론 항공기의 크기에 따라 달라지며, 폭격기나 수송기 같은 대형 항공기의 경우 100~1,000m^2나 된다. 또한, 포착하는 방향이 앞면인지, 옆면인지, 윗면인지에 따라서도 달라진다. 위의 수치는 앞면으로 포착한 경우이다.

스텔스성을 높인다는 것은 곧 RCS를 줄이는 것과 같다. 항공기의 형상을 변형하는 방법, 레이더파를 흡수하는 구조나 소재를 사용하는 방법 등으로 스텔스성을 높일 수 있다. 그런 성공 사례 중 하나가 미국의 B-2 폭격기인데, 대형이면서도 0.75m^2 이하의 RCS를 달성했다.

F-22의 RCS는 0.01m^2이며, 이 수치를 상대적 크기로 나타내면 작은 새 한 마리 정도이다. 길이 약 19m, 너비 약 13.5m, 주날개의 면적만 해도 78m^2나 되는 F-22를 레이더가 포착하는 것은 멀리서 날아가는 작은 새 한 마리를 육안으로 발견해내는 것만큼 어려운 셈이다. 한편, 스텔스성을 지나치게 추구하면 운동성이 나빠지거나 무장을 장착하기 어려워지는 등 전투기 본연의 능력을 잃어버릴 수 있다. 하지만 F-22는 높은 스텔스성은 물론 기존 전투기를 능가하는 무장장착 및 운동 성능까지 겸비했다.

레이더파의 반사와 확산

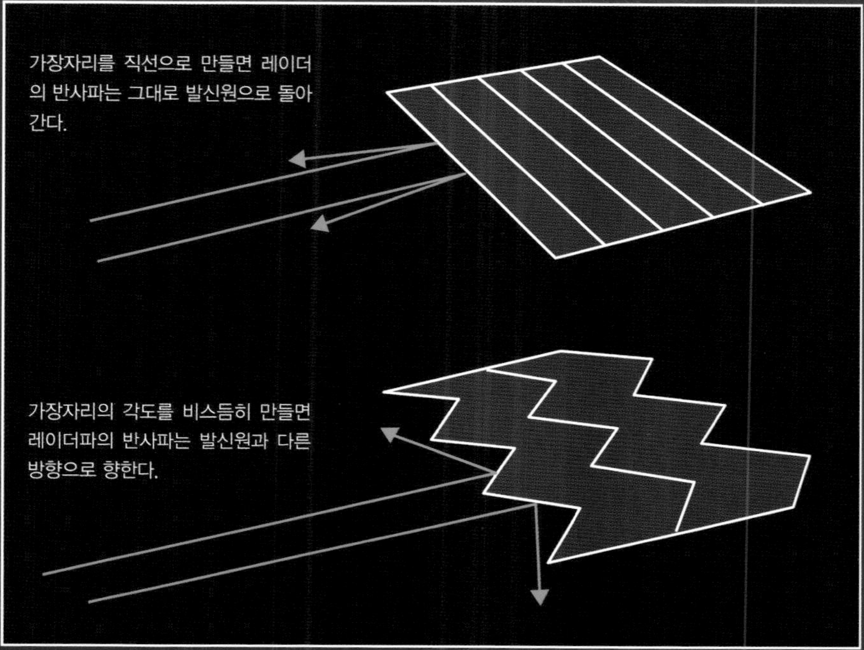

F-22는 스텔스성을 확보하기 위해 조종석 문이나 기체의 이음매에 단순한 직선이 아닌 비스듬한 각도를 설정한 들쭉날쭉한 라인을 사용한 부분이 많다. 그 각도는 세밀하게 계산되어 있다.(사진 : 아오키 요시토모)

스텔스의 역사

스텔스라는 말을 군용 항공기 분야에서 사용하기 시작한 때는 1980년부터이다. 당시 미국의 카터 대통령이 공군을 위한 새로운 폭격기를 개발하겠다고 발표할 때 지금까지의 방공 시스템으로는 요격할 수 없는 스텔스 기술을 사용한 폭격기라고 설명하면서부터 스텔스라는 명칭을 사용하기 시작했다.

이 스텔스 폭격기는 노스롭이 개발해서 B-2 스피릿으로 실용화했는데, 카터 대통령의 발표 직후부터 스텔스 폭격기를 개발하고 나서는 스텔스 전투기도 개발할 것이라는 추측이 나왔다. 이 추측은 그 후 록히드 F-117을 통해 현실화되었다.

B-2와 F-117은 초기 스텔스기라고 할 수 있지만 스텔스라는 용어를 사용하지 않았을 뿐 레이더에 포착당하지 않는 항공기에 관한 연구는 예전부터 진행되고 있었다. 그 연구 성과를 적극적으로 채택해서 세계 최초로 실용화한 항공기가 초고속 전투기 계획에서 파생한 록히드 SR-71 전략정찰기다. 1964년 12월 22일에 초도비행을 하고 1966년 1월에 취역한 SR-71은 고도 24,000m 이상을 마하 3.0~3.5로 비행할 수 있는 능력을 지녔고, 레이더파를 흡수하는 소재와 구조를 사용했으며, 기체 전체를 검은 페라이트 도장으로 덮음으로써 스텔스성을 확보했다. SR-71은 이미 퇴역했지만, 수많은 정찰비행을 수행하면서 1대도 격추당하지 않은 기록을 세웠다.

록히드가 개발한 마하 3급의 전략정찰기 SR-71. 레이더에 잘 포착당하지 않는 기술(구조와 도료)을 적용했다.
(사진 제공 : 록히드 마틴)

레이더 대응책

현재 스텔스 기술에서 가장 중시되는 것은 레이더에 탐지되지 않도록 만드는 방법이다. 레이더에 쉽게 포착되지 않도록 형상을 만드는 방법, 레이더파를 흡수하는 소재와 구조를 적용하는 등의 방법으로 레이더 단면적(RCS)을 대폭 줄이는 방법을 모색하고 있다.

같은 스텔스기라도 B-2와 F-117은 형상이 완전히 다르다. 하지만 반사파를 발신원으로 되돌아가지 않도록 한다는 기본적인 개념은 같다. 이는 F-22도 마찬가지이다. F-22에서는 특히 여러 이음매를 딱 맞추는 데 세심한 주의를 기울였다. 이런 이음매에 조금이라도 홈이 있으면, 그것이 레이더파의 커다란 반사원이 되기 때문이다. 또한, F-117이나 B-2와 마찬가지로 모든 가장자리 부분과 이음매에 생기는 각도를 최대한 정비함으로써 반사파가 여러 방향으로 분산되도록 만든다.

안테나나 센서 같은 작은 돌출물도 커다란 레이더 반사를 일으키는 원인이 되므로, F-22는 그런 것들을 되도록이면 동체 내부에 집어넣거나 전파가 안으로 들어오지 못하도록 코팅한 커버를 씌우는 등의 조치를 한다. 기관포조차 사용하지 않을 때에는 바깥에서는 전혀 보이지 않는다. 또한, 동체 안에 장착한 엔진도 레이더에 포착당하기 쉬운 부분 중 하나인데, 특히 정면에서 레이더파를 조사하면 엔진 앞면에 있는 팬이 커다란 반사를 일으킨다. 그 때문에 F-22에서는 공기 흡입구로부터 엔진까지 이어지는 덕트를 굽혀서 전파가 팬 전면까지 도달하지 못하도록 한다.

F-22A의 형상에서 스텔스성에 대한 대책은 F-117과 비슷하다. 또한, 스텔스성을 높이기 위해 이음매의 홈을 없앴고, 안테나 같은 작은 돌출물을 대부분 안쪽으로 집어넣는 방법을 사용한다.

(사진 : 아오키 요시토모)

엔진 앞면에 있는 팬은 커다란 레이더 반사를 일으키기 때문에 스텔스기는 엔진을 감추기 위한 대책을 채택한다. 록히드 마틴 F-117은 공기 흡입구에 촘촘한 망을 설치해서 레이더파가 드나드는 것을 막는다.

(사진 제공 : 미국 공군)

그 외의 대응책

비행물체를 포착하는 수단으로는 레이더 외에도 적외선 센서에 의한 탐지 기술이 있는데, 최근에 크게 발달했다. 표적이 내뿜는 열을 포착하는 이 센서는 전투기에 장착되며, 레이더와 달리 스스로 전파를 쏘지 않는 수동식 장치이기 때문에 탐지하고 있다는 사실을 상대방에게 들키지 않는다.

항공기에서 가장 크게 열을 발생하는 부분은 엔진의 배기구이다. 따라서 엔진 배기열을 낮추는 것이 적외선 탐지장치에 대응하는 효과적인 대응책이라 할 수 있다. F-22의 배기 온도는 기존 전투기에 비해 크게 낮아졌다. 또한, 배기구에서는 보통 배연이나 비행운이 발생하며, 특히 길게 뻗는 비행운은 항공기를 쉽게 발견하게 만든다. 하지만 F-22는 배기열을 억제함으로써 비행운이 거의 발생하지 않는다.

육안으로 쉽게 발견하지 못하도록 하는 방법으로는 앞에서도 설명했듯이, 예전부터 위장 도색을 많이 사용하였다. 위장 도색은 배경색과 비슷한 보호색을 칠하는 방법인데, 이는 완벽한 방법이 아니다. 기체를 갈색 계통으로 칠한 항공기가 사막 상공을 날 때에는 지면의 색과 분간할 수 없어서 상공에서 발견하기 어렵지만, 같은 항공기가 설원 상공을 비행하면 오히려 쉽게 발견되고 만다. F-22는 회색 계통의 색으로 칠했다. 이는 하늘을 배경으로 비행할 때 쉽게 눈에 띄지 않도록 하기 위한 것이며, 지금으로서는 다른 색을 칠하는 방안은 검토하고 있지 않다.

F-22A는 상공에서 눈에 잘 띄지 않는 효과를 얻기 위해 기체 전체 가장자리를 하얀색에 가까운 회색으로 칠했고, 그 외의 부분은 짙은 회색과 옅은 회색을 섞어서 칠했다.

(사진 제공 : 록히드 마틴)

최초의 스텔스 전투기: F-117

1988년 11월 10일에 미국 공군이 한 장의 사진과 함께 스텔스 전투기 F-117의 존재를 공표했다. 1976년에 미국 공군과 록히드는 개발 계약을 체결했고, 1977년 12월에 스텔스 기술 시제기(experimental stealth technology, XST)가 초도비행했다. 이것을 확대하고 개선하여 F-117로 명명했다. F-117 1호는 1981년 6월 10일에 초도비행했고, 이후 7년 동안 그 존재는 완전히 비밀에 부쳐졌다. 미국 공군의 정보 보안 태세가 얼마나 철저한지 보여주는 사례이기도 하다.

F-117은 1987년 12월 파나마 침공 작전에서 처음으로 실전 투입되었지만, 그 존재와 위력을 전 세계에 알린 것은 1991년의 걸프 전쟁이었다. 걸프 전쟁에서 F-117은 방공 무기로 철통같이 방호된 바그다드의 중요 표적에 핀포인트(pin point)식 폭격을 한 유일한 전투기였다. 게다가 1대도 격추되지 않아 스텔스 기술의 유효성을 전 세계에 알렸다.

F-117은 여러 평면을 조합하는 패시팅(faceting) 기술을 사용하여 기체를 다면체로 구성했다. 패시팅은 조합하는 평면의 각도를 신중하게 설정함으로써 어느 방향에서 레이더파가 오더라도 그 전파를 다른 방향으로 반사케 해서 발신원으로 되돌아가지 않도록 하는 기술이다. 또한, F-117은 스텔스성을 높이기 위해 레이더를 장착하지 않았고, 초음속 비행 능력을 갖추지 않는 등의 제약을 더했다. 이 때문에 F-117은 전투기이기는 하지만 공중전을 수행할 수 없는 아음속 공격기가 되었다. 이런 단일 기능만 갖고 있는 한계 때문에 취역한 지 20년 이상 경과한 2008년 4월 22일에 모두 퇴역했다.

최초의 실용 스텔스 전투기, 록히드 마틴 F-117A. 여러 평면을 조합하는 패시팅 기술을 사용해서 표면을 구성했기 때문에 각진 형상이 되었다. (사진 제공 : 록히드 마틴)

록히드 마틴 F-117A는 스텔스성의 중요성을 걸프 전쟁에서 확실히 드러냈다. 높은 스텔스성을 중시해서 만들었기 때문에 공격기라는 단일 용도에 머물게 되었다. (사진 제공 : 미국 공군)

최초의 스텔스 폭격기: B-2

미국 공군의 선진기술폭격기(advanced technology bomber, ATB) 계획에서 스텔스라는 말을 처음으로 사용하였다. 1981년 10월에 노스롭이 B-2의 개발 담당 기업으로 지명되어 개발하기 시작해서 긴 항속거리, 대형 폭탄 장착 능력, 그리고 매우 작은 레이더 단면적(RCS) 등의 요구를 충족하기 위해 전익기(all wings aircraft)라는 형상을 채택하였다. 하지만 이 B-2도 오랫동안 형상을 비밀에 부쳐서 1988년 4월 20일에 전익 모양의 상상도를 공식 발표하였다.

B-2는 중앙의 동체 부분을 곡면으로 만들고 주날개 안에 수용하는 형상으로 하여 주날개와 동체 사이에 나타날 수 있는 예리한 각도를 없앴고, 꼬리날개도 갖추지 않았다. 주날개는 앞쪽 가장자리가 직선이지만, 뒤쪽 가장자리는 'W'자 형상으로 만들어 레이더에 대응하게 했다. F-117과 달리 폭격용 레이더를 동체 아랫면에 완전히 집어넣어 장착함으로써 반사 면적을 줄였고, 전파의 역탐지를 회피하는 기술도 도입했다.

B-2는 스텔스성과 높은 폭격 능력 등의 요구를 충족했으나 가격이 폭등해 1994년 당시 1대당 7억 7,300만 달러라는 고가가 되었다. 또한, F-117과 마찬가지로 초기 스텔스 항공기는 스텔스성을 유지하는 데 많은 노력과 시간이 필요했고, 그 때문에 운용 경비 면에서 부담을 초래했다. 게다가, 냉전이 끝난 후 당초 132대를 배치하려던 계획을 21대만으로 중단하였고, 1998년에 생산을 종료했다. 지금까지 1대가 추락하였고, 나머지는 모두 현역에서 활약 중이다.

전익 형식을 채용한 스텔스 폭격기, 노스롭 그루먼 B-2A 스피릿. 대형이지만 레이더 단면적은 보통의 전투기보다도 작다. (사진 제공 : 미국 공군)

노스롭 그루먼 B-2A 스피릿은 높은 스텔스성을 얻기 위해 전익이라는 형상을 채택하였다. 뒷부분을 'W' 자 형태로 만드는 매우 독특한 형상이다. (사진 제공 : 미국 공군)

F-22의 스텔스: 형상

F-22의 전체적인 모양은 델타형(삼각형)의 주날개, 수평안정판, 그리고 두 장의 수직안정판을 조합한 형태이다. 이 기본적인 구성은 F-15 이글과 동일하다. 그러나 각 부위의 가장자리 부분의 각도를 최대한 제침으로써 스텔스성을 확보했다. 이런 제쳐진 각도는 항공기를 구성하는 각 패널의 이음매, 랜딩기어 수납실, 무장창, 정비 · 점검구에도 적용하였다. 그것들을 모두 닫았을 때에는 홈이나 높이의 차이가 거의 생기지 않는다.

앞에서도 설명했듯이 안테나 같은 돌출물을 없앤 것도 스텔스성을 높이는 데 일조했지만, 지금까지의 전투기와 크게 다른 점은 무엇보다 무장을 외부에 장착하지 않고 동체 내 무장창에 수납했다는 점이다. 무기 자체의 스텔스화도 발달하기는 했지만, 주날개나 동체 밑에 무기를 장착하면 그만큼 레이더에 포착당하기 쉬워진다. 그래서 F-22는 스텔스성을 유지하기 위해 동체의 양옆과 아랫부분에 무장창을 설치해서 그곳에 모든 무장을 수납한다.

물론 주날개에는 장비들을 장착할 수 있도록 그 부분만 구조를 강화한 하드 포인트(hard point)라고 하는 스테이션이 있지만, 스테이션을 사용하는 것은 장거리 이동 시 연료탱크를 장착할 때나 스텔스성이 필요 없는 미션을 수행할 때에 한정된다. 이 때문에 장착할 수 있는 무기의 양에 제약을 받지만, F-22는 운용 조건상 필요한 무기를 모두 장착하는 데 충분한 크기의 무장창을 마련해두고 있다.

동체의 높은 위치에 배치한 주날개(역자주: hi-wing 방식을 채택하였다는 뜻), 두 장의 수직안정판, 조종석 후방 양옆의 공기 흡입구 등 F-22A의 기체 구성은 F-15 이글과 동일하지만, 스텔스성 면에서는 완전히 다르다.
(사진 제공 : 록히드 마틴)

F-22의 스텔스: 구조와 도장

F-22의 기본적인 구조는 기존 전투기와 크게 다르지 않다. 다만, 항공기의 가장자리 부분에 레이더파 흡수 구조(rader absorbing structure, RAS)를 적용했다는 점은 다르다. 그래서 RAS를 적용한 부분에 닿는 레이더파는 구조 내부에 갇히거나 반사 에너지가 약화된다. 소재 면에서는 전파를 반사하지 않는 복합소재나 플라스틱도 사용한다. 개발용은 그런 소재를 34%를 사용했지만, 양산형은 적정화한 결과 25%로 줄었다. 한편, 39%를 차지하는 티타늄계 금속은 작은 구멍을 많이 뚫은 티타늄 벤트 스크린이라는 표면 가공 방법을 여러 곳에 적용해서 레이더파의 반사를 억제한다.

항공기 전체는 레이더파를 흡수하는 도료로 코팅한다. 코팅은 초기 스텔스인 B-2와 F-117에서도 사용되었다. 하지만 B-2는 스텔스성을 유지하기 위해 7년에 한 번 정도는 다시 코팅해야 한다. 그러나 F-22의 경우는 개량한 도료를 사용하여 거의 벗겨지지 않기 때문에 그런 작업이 전혀 필요 없다.

조종석을 덮는 캐노피에도 레이더에 대비한 코팅을 하여 레이더파가 들어오기 어렵고, 설령 들어온다고 해도 반사파가 나가기 어렵게 만들었다. 이는 조종석 내에 많은 금속 부품이 레이더파를 반사하지 않도록 하기 위한 조치이다.

F-22A는 기체 내부에 레이더파를 가두는 구조, 즉 레이더 흡수 구조를 채용한다. (사진 제공 : 미국 공군)

F-22는 구조 자체에도 스텔스성을 높이는 기술을 채용하며, 전체의 도장 또한 레이더에 대비하여 코팅한다. 록히드 마틴의 마리에타 공장에서 최종 조립 작업을 완료한 후에 도장한다. (사진 제공 : 미국 공군)

공중지배 전투기

F-22의 용도를 공중지배 전투기라고 말한다. 지금까지 공중전에서 하늘을 지배하고 제공권을 획득하는 전투기(F-15가 대표적)를 제공전투기, 공중전과 공대지 공격을 모두 해낼 수 있는 전투기(F-16이나 F/A-18 등)를 전투공격기나 전투폭격기라고 불렀다. 공중지배 전투기는 F-22의 탄생과 함께 새롭게 만들어진 용어다. 가장 치열한 적대 환경에서 상대를 격파하고 살아남는 것을 중시해서 설계했음을 나타낸다.

이 공중지배(air supremacy)라는 임무는 기존의 제공전투를 더욱 발전시킨 개념으로, 적 전투기의 위협을 완전히 배제함과 동시에 아군의 중요 시설을 방호할 때까지 전투기에 부여된 임무를 모두 수행하고 필요에 따라 정밀 공격을 실시하는 것을 뜻한다. 이에 따라 전투지역 상공에서 적의 공중활동을 철저히 봉쇄하고, 아군의 공격대가 적 전투기의 요격을 당하지 않고 임무를 수행할 수 있도록 하며, (F-22) 스스로도 적의 진지를 파괴해서 적의 전투능력을 약화할 수 있다.(역자주: '항공지배'는 air supremacy를 저자가 일본식 한자어로 의역한 것으로 사료된다. 한국 공군은 '공중우세'라고 번역한다. 이 또한 단어의 단순직역이라고 할 수밖에 없다. 하여 역자는 그 용어의 개념에 충실하고자 '공중지배'로 의역하고 싶다.)

F-22는 당초 공대공 전투만을 임무로 삼는 전투기로 출발하였다. 그러나 그 후 스텔스성을 활용한 정밀공격 능력도 보태졌고, 현재는 방공레이더나 지대공 미사일 등의 적 방공망을 제압하는 능력을 첨가하는 계획까지 세웠다. 이리하여 F-22는 완전한 공중지배 능력을 얻게 되어, 전투 작전 첫날부터 제공권을 확보하면서 적의 중요 시설에 공격을 가해 반격의 기회조차 주지 않을 수 있는 능력을 갖게 되었다.

F-22는 실전행동의 선봉에서 적의 공중위협을 배제하여 제공권을 확보하며, 적의 지상 부대를 공격함으로써 뒤따르는 아군의 공격대가 더욱 안전하고 확실하게 임무를 수행할 수 있도록 돕는다. 이것이 공중지배 전투기의 역할이다. 사진에서 F-22A의 뒤를 따르는 항공기는 미국 공군의 공격기 페어차일드 A-10A 선더볼트 II 이다. (사진 제공 : 미국 공군)

F-22의 전투(1): 공중전

F-22는 고성능 레이더 및 사정거리가 긴 공대공 미사일, 그리고 높은 스텔스성을 갖추었기 때문에 먼저 발견, 먼저 공격, 먼저 격파로 불리는 공중전을 벌일 수 있다.

우선 F-22는 레이더를 사용해 원거리에서 적기를 발견한다. 적기의 레이더가 F-22와 동일한 탐지거리 능력을 갖췄더라도 F-22의 스텔스성 덕분에 적기는 F-22를 탐지할 수 없다. 다시 말해, 스텔스성이 적기 레이더의 탐지능력을 저하하는 셈이다. 적기를 먼저 발견한다면 적기보다 먼저 공대공 미사일을 발사할 수 있다. 게다가 자신의 존재가 적기에 발각되지 않기 때문에 명중 확률도 그만큼 높아진다. 이것이 먼저 발견, 먼저 공격, 먼저 격파라는 전법이다.(역자주: 필자는 선제발견, 선제공격, 선제격파라고 하고 있다. 이는 '선취' 또는 '먼저'라는 뜻으로 사용된 leading-off의 일본식 표현으로 보여 순수 우리말 표현으로 '먼저'라고 하였다.)

F-22가 최대로 장착할 수 있는 공대공 미사일의 수는 F-4 팬텀 II 및 F-15 이글과 동일한 8발이다. 그러나 F-4 팬텀 II와 F-15 이글이 단사정(within visual range, WVR) 미사일과 중사정(beyond visual range, BVR) 미사일을 4발씩 장착하는 데 비해, F-22는 통상 단사정 미사일을 2발만 장착하고 중사정 미사일을 6발 장착한다. 이를 보면, F-22가 중사정 미사일을 기본으로 삼아 공중전을 벌일 작정이라는 사실을 알 수 있다.

물론 전투 상황에 따라서는 적기에 접근해서 싸워야 할 때도 있다. 그럴 때에는 단사정 미사일이나 기관포를 사용한다. F-22는 높은 스텔스성 덕분에 발각되지 않고 적기에 접근해서, 항상 우위를 점하며 전투를 치를 수 있다. 실제로 모의 훈련에서는 F-22 1대가 미사일을 사용해서 적기 8대를 모두 격추한 적도 있다.

스텔스 전투기가 공중전을 치를 때의 장점

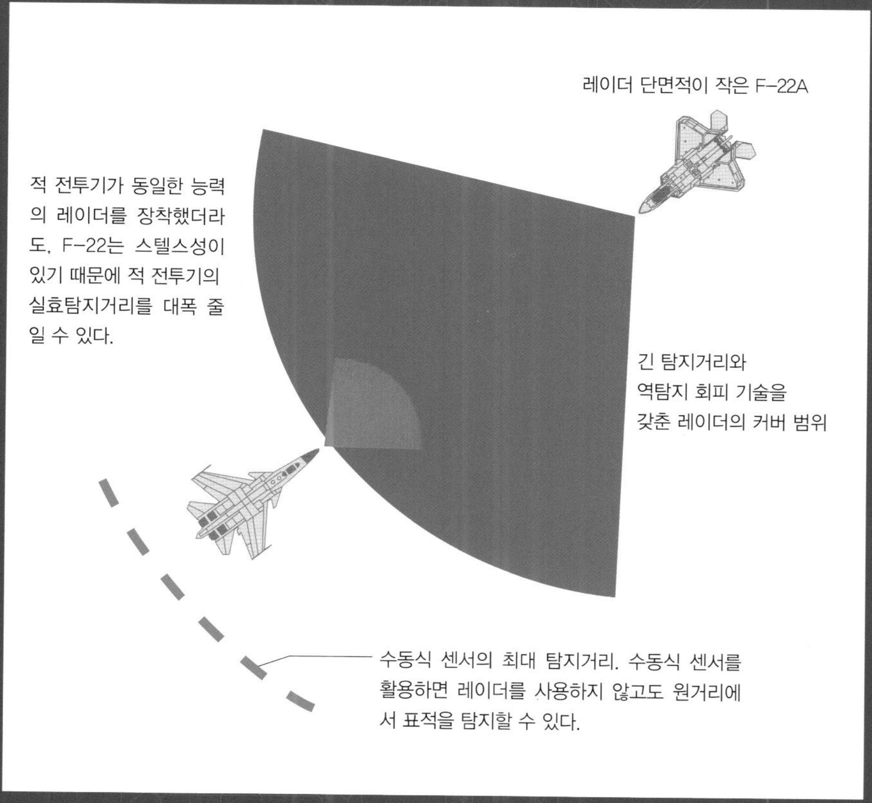

스텔스 전투기(F-22)와 비스텔스 전투기의 공중전. F-22는 스텔스성을 갖추었으므로 적 전투기의 레이더 탐지거리를 실질적으로 단축할 수 있고, 적기에 발견되기 전에 적기를 탐지·조준해서 사정거리가 긴 미사일로 먼저 공격할 수 있다. '먼저 발견해서, 먼저 공격하여, 먼저 격파'하는 전법은 높은 스텔스성을 갖춘 전투기만이 구사할 수 있다.

F-22의 전투(2): 공격

F-22는 개발 단계에서 공대공 전투 능력 외에, 정밀유도무기를 사용한 공대지 핀포인트 공격 능력까지 갖추도록 했다. 하지만 현재의 공격용 무기는, 위성항법장치(GPS)와 관성항법장치(INS)를 조합하여 사용하는 합동정밀직격탄(joint direct attack munition, JDAM)만을 사용한다.

합동정밀직격탄은 추진장치나 날개를 갖추지 않았으므로 표적에 어느 정도 접근해서 투하해야 한다. 그런데 중요 표적일수록 방공망이 견고하기 마련이다. 따라서 방공 레이더에 포착되지 않고 표적에 접근하기가 쉽지않다.

이때에도 F-22의 스텔스성은 적 전투기 레이더를 무력화할 때와 동일한 효과를 발휘해서 적 방공 레이더의 탐지거리를 축소하므로, 적 방공 레이더에 탐지당하지 않는 비행경로를 개척할 수 있다. 물론, 레이더 유도 지대공 미사일에 대해서도 동일한 효과를 발휘하기 때문에 격추당할 가능성 또한 대폭 줄어든다. 이처럼 F-22는 표적을 정밀하게 공격한 후 안전하게 이탈할 수 있다.

또한, 펼침식 날개를 갖춘 활공식 폭탄을 사용하면 더 먼 거리에서 공격할 수 있으므로 생존 확률이 그만큼 높아진다. 그리고 지금은 아직 연구 단계이지만, 이러한 능력을 활용하면 적 방공망 제압(suppression of enemy air defenses, SEAD) 임무도 가능해진다. F-22는 SEAD 임무에서 특히 강한 위력을 발휘할 수 있을 것으로 보인다.

스텔스 전투기가 공대지 공격을 할 때의 장점

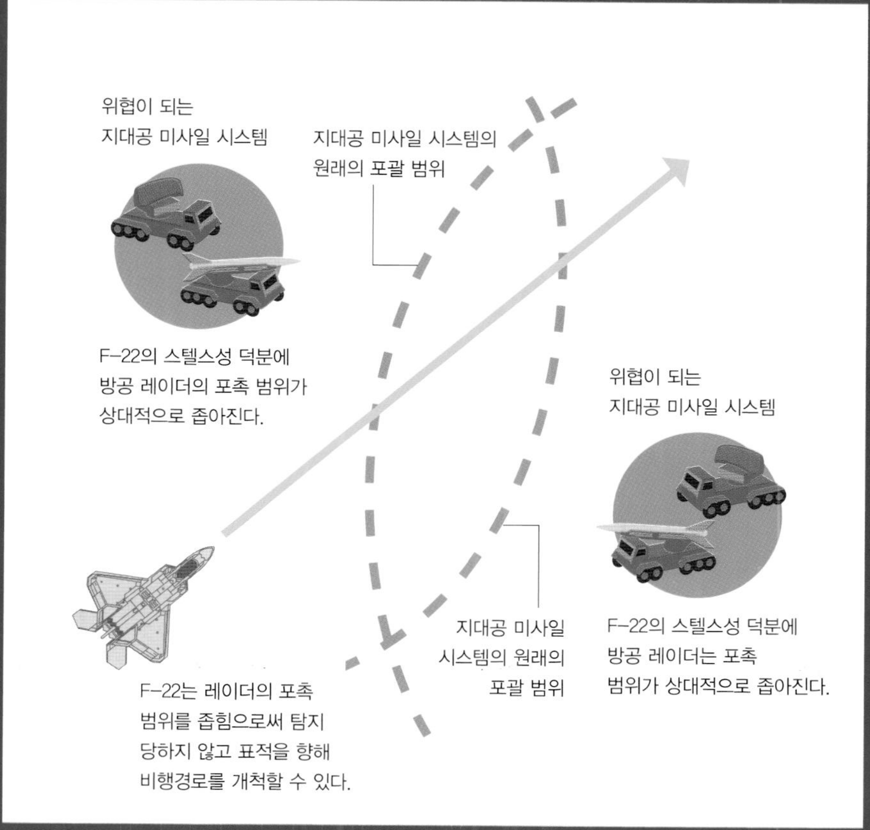

공대공 전투를 할 때와 마찬가지로, F-22의 높은 스텔스성은 지대공 미사일 시스템의 레이더 탐지거리를 단축하고 수색 범위를 대폭 축소할 수 있다. 방공 레이더 시스템의 포촉 범위가 빈틈없이 중복되어 탐지당하는 것을 피하기 어려운 상황에서도, F-22는 높은 스텔스성을 활용해 레이더에 포착당하지 않고 표적을 향해 나아갈 수 있다.

초기동성

베트남 전쟁 당시 미군은 적 전투기와 근접해서 공중전을 벌이는 상황에서는 높은 운동성이 전투기의 필수요소라는 점을 절감하고, 교전 규칙에서부터 그렇게 설정하였다. 그 결과 탄생한 것이 F-15와 F-16이며, F-22에도 그런 인식이 전승되었다. 그래서 새로운 세대의 전투기인 F-22는 F-15나 F-16을 능가하는 운동성을 갖추기로 애초부터 고려하였다.

F-22는 최신 공기역학적 설계기술을 도입한 형상, 커다란 추력의 엔진과 높은 운동성을 발휘할 수 있는 플라이 바이 와이어(fly by wire) 조종장치를 효과적으로 조합함으로써 뛰어난 운동성을 실현했고, 그 운동성은 초기동성이라고 불렀다. 그리고 F-22의 운동성을 높이기 위해 엔진의 배기구에는 방향을 2차원(상하 방향)으로 바꿀 수 있는 추력 변향 장치를 사용했다. 이로써 F-22는 저속도 영역부터 초음속까지 폭넓은 속도 범위를 갖추었고, 지금까지의 전투기로는 할 수 없던 움직임도 가능해졌다. 또한, 고도가 높아지고 공기가 희박해져서 조종타가 잘 듣지 않는 상황에서도 배기구의 움직임을 조절함으로써 뛰어난 운동성을 유지할 수 있게 하였다.

항공기의 진행 방향과 공기 흐름의 방향이 만들어내는 각도를 받음각(angle of attack: 영각, 마중각)이라고 하는데, 보통의 항공기에서는 받음각이 커지면 그만큼 속도가 줄어들 위험성이 높아지고 엔진이 정지되는 경우도 발생한다. 하지만 F-22는 받음각을 60도 이상으로 설정해도 변함없이 정밀하게 조종할 수 있고, 엔진도 문제없이 작동할 수 있다는 사실이 증명되었다. 받음각이 커진 상태에서 비행할 수 있는 능력도 전투기가 높은 운동성을 갖추는 데 필수적이다.

F-22는 초기동성이라고 부르는 매우 높은 운동성을 보유하며, 받음각이 커져도 안정된 비행을 할 수 있다. 사진은 받음각이 커진 상태에서 비행시험을 하는 모습이다. 뒷부분 동체 위에는 속도가 줄어들거나 스핀에 빠졌을 때 항공기의 자세를 회복하기 위한 낙하산을 내장한 붉은 장비가 달려 있는데, 실제 비행시험에서 이것을 사용한 적은 없다.
(사진 제공 : 미국 공군)

초기동성에 의한 전투

F-22의 초기동성은 당연히 근접 공중전에 큰 도움이 된다. 근접전투, 즉 도그파이트(dogfight)에서는 예전이나 지금이나 적보다 우위를 점할 수 있는 공격 위치를 차지하는 것이 승리의 열쇠이다. 그 원칙은 적의 꼬리를 잡는 것이다. 그러므로 도그파이트에서 조종사는 여러 가지 기동 방법을 구사하며 적기의 뒤쪽으로 돌아서 접근하려 한다. 이때 같은 기종끼리의 전투라면 조종사의 기량이 높을수록 유리하다는 것은 두말할 필요도 없다.

조종사의 조종 기술이나 판단력이 공중전에서 중요하다는 사실은 확실하지만, 항공기의 운동성이 상대를 능가한다면 항공기의 능력이 조종사의 솜씨를 보완할 수 있다. F-22는 초기동성에 의한 높은 선회율과 횡전율을 구사함으로써 적기보다 먼저 우위를 확보할 가능성이 높아진다. 게다가 다른 전투기의 운동성이 저하되는 저속도 영역이나 초고공에서도 높은 운동성을 유지할 수 있으므로 온갖 전투 상황에서 우세를 확보할 수 있다.

또한, F-22는 상승하면서 방향을 전환하는 J턴과, 수평 자세를 유지한 채 급선회하는 페달 선회 등 기수의 방향(즉 비행 방향)을 급속히 바꾸는 기술과 급감속해서 추적해오는 적을 따돌리는 움직임도 취할 수 있다. F-22가 공중전을 수행할 때의 원칙은 적에게 발각되지 않은 채 원거리에서 미사일을 발사해서 공격하는 것이지만, 근접해서 싸우는 도그파이트에 들어간다 하더라도 초기동성을 구사해서 그 움직임으로 적에게 사격 기회를 주지 않은 채 우위를 점할 수 있는 능력을 갖췄다.

추력 변향식 엔진 배기구를 갖춘 F-22는 공기가 희박해져서 조종타가 말을 잘 듣지 않는 15,000m 이상의 초고도에서도 매우 높은 운동성을 유지할 수 있다. 또한, 보통의 고도에서는 기존 전투기로는 불가능했던 움직임을 취할 수 있다.
(사진 제공 : 록히드 마틴)

엔진의 추력 변향

F-22의 엔진 배기구는 분출하는 배기의 방향을 상하로 조절할 수 있는 2차원 추력 변향식 배기구이다. 배기구의 위아래에 달려 있는 플랩(flap)이라는 홈베이스(야구에서의) 형태의 판이 20도 범위로 움직인다. 플랩이 수평 위치에 있으면 배기는 뒤쪽으로 똑바로 분출되고, 플랩이 아래를 향하면 배기 방향도 아래쪽으로 바뀌며, 플랩이 위를 향하면 배기 방향도 위쪽으로 바뀐다. 미국 공군의 전투기에서 이 시스템을 실용화한 것은 F-22가 처음이다.

F-22는 쌍발기(雙發機)여서 엔진 2개를 나란히 배치하였으므로 플랩을 동시에 동일한 방향으로 움직이면 기수를 상하 방향(피치)으로 조종할 수 있고, 각 플랩을 반대 방향으로 움직이면 횡전(롤)으로 조종할 수 있다. 보통 피치 조종에는 수평안정판을 사용하지만, 저속에서 받음각이 커지면 수평안정판의 효과가 저하되어 조종성이 나빠지므로 항공기는 스스로 받음각을 줄인다. 그러나 이때 추력 변향 기구를 사용하면 받음각을 최저 10도 키울 수 있다. 롤 조종에서는 고정식 배기구의 엔진에 비해 횡전율이 최대 50% 높아진다.

조종사는 배기구를 움직이는 데 특별한 조작을 할 필요가 없다. 조작 레버는 따로 없고 비행 조종용 컴퓨터 안에 그 제어 기능이 내장되어 있어서, 필요에 따라 자동으로 반응하기 때문이다. 그리고 F-22가 전원을 켜지 않고 지상에 계류 중일 때에는 위쪽 플랩은 위쪽 방향으로, 아래쪽 플랩은 아래쪽 방향으로 각각 최대 각도로 열린 상태가 된다.

F-22의 프랫 & 휘트니 F119 엔진에 달려 있는 추력 변향식 배기구는 배기 분사 방향을 위아래로 바꿀 수 있다. 사진은 다중 노출로 촬영한 것으로, 배기구에서 나오는 불꽃의 방향이 위아래로 향하는 모습을 보여준다.
(사진 제공 : 프랫 & 휘트니)

초음속 순항

F-22의 또 한 가지 큰 특징은 슈퍼크루즈(supercruise)라는 초음속 순항비행 능력이다. 오늘날 대부분의 제트전투기는 초음속으로 비행하는 능력이 있다. 이를 위해서 보통 애프터버너라는 엔진 재연소 기능을 사용해서 가속하고 그대로 속도를 유지해야 한다. 애프터버너는 엔진 뒷부분 터빈 뒤에 연료를 분사함으로써 추력을 증가하는 것이다.

애프터버너는 원래의 엔진에 연료를 다시 분사하기 때문에 연료 소비량이 큰 폭으로 증가하고 배기 온도도 높아지므로 사용할 수 있는 시간에 제약이 있다. 예를 들어, F/A-18C 호넷의 경우 애프터버너를 사용하면 연료 소비량이 2.15배 높아지기 때문에 연속 사용 시간을 15분 이내로 제한한다.

그런데 F-22는 애프터버너를 사용하지 않고 초음속까지 가속해서 그 속도를 유지할 수 있다. 이 때문에 F-22는 최소한의 연료 소비로 장시간 초음속 비행이 가능하다. F-22의 최대 속도는 마하 2.25인데, 이 속도는 애프터버너를 사용해야만 낼 수 있다. 그러나 애프터버너를 사용하지 않아도 마하 1.82의 초음속 순항을 할 수 있다(지금까지의 실증치는 마하 1.72).

초음속 순항이 가능한 주된 이유는 애프터버너를 사용하지 않을 때의 추력(밀리터리 추력이라고 함)이 크기 때문이고, 공기 저항을 최소화한 설계도 하나의 이유로 들 수 있다. 특히 무장을 내장한 것도 저항을 줄이는 데 큰 역할을 한다.

제2장 테크니컬 가이던스

F-22의 압도적인 전투력을 떠받치는 기술은 레이더, 방어 시스템, 통신 · 항법 · 식별 장치, 센서 등 다양하다. 이 장에서는 조종석, 캐노피, 주날개, 착륙 · 제동 장치, 그리고 엔진까지, F-22를 구성하는 기술을 하나하나 설명하겠다. F-22의 경이적인 사양은 알면 알수록 더욱 놀라게 한다.

AN/APG-77 레이더

F-22의 눈이라고 할 수 있는 레이더는 노스롭 그루먼이 개발한 AN/APG-77이다. 이 레이더는 AESA 레이더라고 부르는데, AESA 레이더에 관해서는 50쪽에서 자세히 설명하겠다.

AN/APG-77의 특징 가운데 하나는 민첩한 빔 스테어링 능력이다. 이는 레이더파의 조사 방향을 매우 빠른 속도로 변경할 수 있는 기술이다. 이 능력에 의해 여러 표적을 동시에 추적하면서 공대공 미사일로 교전할 수 있다. 또한, 우선 순위가 높은 표적을 추적하면서 동시에 설정한 여러 구역을 수색할 수도 있다. AN/APG-77의 최대 탐지거리는 공개하지 않고 있지만, F-15의 최대 탐지거리인 185km를 뛰어넘는 250km 정도일 것으로 추정한다.

또한, 이 레이더는 표적을 판별하는 NTCR 기능도 갖추었다. NTCR도 비밀 사항이어서 상세한 내용은 알 수 없지만, AN/APG-77에는 포착한 표적을 고해상도 화면으로 변환하는 역 합성 개구 레이더 기술을 사용하였다. 또한, 이 기능은 화면을 3D화할 수 있다고 알려져 있다. F-22 초기형은 공대공 전투능력만을 위한 레이더를 장착했지만, 지금은 발전된 AN/APG-77(V)1을 장착한다. 이 (V)1은 고해상도 지형 영상기능과, 지상에서 이동하는 표적을 식별하고 추적하는 기능을 비롯한 각종 공대지 모드를 증설하여 공대지 공격에도 사용할 수 있는 레이더로 발전했다. 다만, 소프트웨어 개발이 늦어져서 완전한 기능은 2010년에 갖추어질 것이다.

F-22의 기수에 AN/APG-77 레이더를 내장하였다. 그 안테나는 약 2,000개의 송신 · 발신 모듈로 구성되어 있어서 안테나 반사면을 움직일 필요가 없다. 이런 형태의 레이더를 AESA 레이더라고 부르며, 일본에서도 항공자위대의 지원전투기 미쓰비시 F-2가 미쓰비시전기에서 개발한 J/APG-1이라고 하는 일본산 AESA 레이더를 장착했다.

(사진 제공 : 미국 공군[위], 노스롭 그루먼[아래])

AESA 레이더의 특징

F-22로 대표되는 신세대 전투기에 장착하는 레이더는 AESA 레이더가 주류이다. AESA는 능동 전자 주사 배열(active electronically scanned array)의 준말이다.

여기서 배열(array)은 안테나의 배열을 뜻한다. 그리고 주사(scan)는 안테나가 표적을 찾기 위해 하는 동작을 의미한다. 따라서 전자 주사 배열은 레이더 안테나로 표적을 탐지하는 작업을 전자식으로 수행하는 것이라는 뜻이 된다. 그러면 전자식이란 무엇을 의미할까?

지금까지 전투기의 레이더 안테나는 되도록이면 전방의 넓은 범위를 탐색할 수 있도록 안테나를 상하좌우로 움직이게 만들었었다. 그러나 전투 중에 높은 하중이 실리면 움직이기 어려워지거나, 파괴되어 움직일 수 없게 되기도 한다. 그러던 중, 안테나를 작은 전자소자로 구성해서 각 소자가 발신하는 전파 방향을 전자적으로 제어하는 기술이 개발되었다. 이 기술에 의해 안테나를 기계적으로 움직이지 않아도 모든 방향으로 전파를 발신할 수 있게 되었다. 덧붙여, F-22의 AN/APG-77 레이더의 안테나는 약 2,000개의 소자로 구성되어 있어서 상하좌우 각 60도의 범위를 커버할 수 있다.

마지막으로 능동의 의미는 소자 하나하나가 전파 송신 기능과 수신 기능을 갖추었다는 뜻이다. 그 결과 각각의 소자가 독립적인 송수신 모듈로 기능할 수 있음을 나타낸다.

록히드 마틴 F-35 라이트닝 II 에 장착한 노스롭 그루먼의 AN/APG-81도 AESA 레이더이다. (사진 제공 : 노스롭 그루먼)

보잉 F/A-18C 호넷은 레이시언의 AN/APG-65 레이더를 장착했다. 이 레이더는 안테나 반사면을 기계식으로 움직임으로써 넓은 수색 범위를 확보하는 방법의 레이더이다. 사진은 안테나의 동작 기구를 보여준다.

(사진 제공 : 레이시언)

방어 시스템

F-22의 생존성을 높이는 데 가장 중요한 것은 뛰어난 스텔스성이라고 할 수 있다. 하지만 F-22는 스텔스 외에도 최신 수동식 전자 탐지 시스템까지 갖추어서 방어력을 높인다. 이 시스템은 영국의 BAE시스템스가 개발한 AN/ALR-94이다. 상세한 사양은 공개하지 않았지만, 록히드 마틴은 "F-22의 장비들 중에 기술적으로 가장 복잡한 장치 중 하나"라고 설명한다.

AN/ALR-94는 기본적으로 레이더 경보 수신장치이다. 적기의 레이더 전파를 포착해서 조종사에게 '경보'한다. 레이더라도 항공기 레이더와 지대공 미사일 유도에 사용하는 레이더는 종류가 다르고, 각각 사용하는 주파수 대역도 다르다. AN/ALR-94는 거의 모든 레이더 주파수 대역을 커버할 수 있으므로 모든 레이더의 위협을 탐지할 수 있다. 30개 이상의 안테나를 항공기 각 부위에 내장하여 360도 전체를 커버한다. 그 탐지거리는 460km 이상이어서 AN/APG-77 레이더보다 길고, 탐지한 전파원을 위협 정보로 삼아 적기 수색에 사용할 수도 있다.

열원을 추적하는 미사일로부터 자신을 보호하는 장치로는 AN/ALE-52 플레어(flare) 방출 장치를 갖추었다. 플레어란 작은 불꽃을 말하며, 항공기에서 멀리 떨어진 곳에 온도가 높은 열원을 인위적으로 만들어 미사일의 감열추적장치를 혼란시킨다. 이 외에도 레이더를 교란하는 채프(chaff)와 디코이(decoy)도 있지만, F-22는 현재로서는 채프나 디코이를 장착할 계획이 없다.

F-22의 방어 시스템 가운데 하나인 AN/ALE-52 플레어 방출 장치이다. 랜딩기어 수납실 앞쪽의 동체 내에 내장되어 있으며, 적외선 추적 미사일에 쫓길 때 방출해서 추적을 피하는 장치이다.

(사진 제공 : 미국 공군)

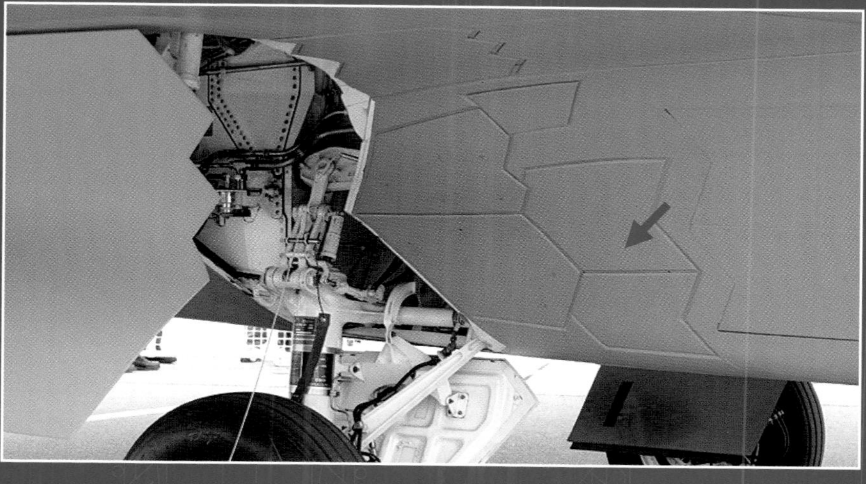

F-22의 플레어 방출구는 동체 측면 무장창과 랜딩기어 수납실 사이에 있다. 화살표 부분의 문을 열고 플레어를 방출한다.

(사진 : 아오키 요시토모)

통신 · 항법 · 식별(CNI) 장치

항공기가 활동하는 데 빼놓을 수 없는 장치가 통신장치, 항법장치, 식별장치이다. 이 세 단어의 머리글자를 따서 CNI 장치라고 부른다. F-22는 AN/ASQ-220이라는 CNI 세트를 장착했다. 통신장치는 도청당하지 않도록 비화 기능을 갖춘 UHF/VHF 무전기와 수많은 정보를 주고받기 위한 데이터 링크를 갖추었다.

이 데이터 링크 장치 가운데 비행 중 데이터 링크(inter-flight data link, IFDL)는 F-22가 편대비행을 할 때 각각의 F-22가 얻은 정보를 편대 내에서 공유할 수 있도록 한다. 예를 들어 F-22 1대가 레이더로 표적을 포착했지만 홀로 대처할 수 없을 때, 다른 F-22에 그 정보를 보내 표적을 분배함으로써 전투 효율을 높인다. 또한 데이터 링크인 합동 전술정보 배분시스템(joint tactical information distribution system, JTIDS)도 갖춰서 비행 중인 다른 항공기(예를 들어, 공중경보통제기) 혹은 지상지휘소나 사령부와 직접 정보를 주고받아 가장 적합한 무기체계로 교전을 지원할 수 있게 한다.

항법장치는 레이저식 자이로를 사용해서 항법 정밀도를 높인 LN-100F 관성항법장치를 2대 갖추고 위성항법장치와 연동케 함으로써 정확한 항법을 가능하게 만들었다. 이 항법장치는 받음각 30도 이상의 비행자세가 되더라도 매우 신뢰성 높은 항법 데이터를 제공한다.

피아식별장치는 Mk12라고도 부르는 AN/APX-100(V)이다. 이는 미국 3군의 표준적인 피아식별장치로서 수많은 항공기에 장착되어 있다.

F-22는 각종 통신장치를 갖추었는데, 그중 하나가 비행 중 데이터 링크(IFDL)이다. 이 장치를 사용하면 F-22 1대가 레이더로 포착한 정보를 편대 내의 다른 F-22에 전달함으로써 다양한 전투 정보를 편대 전체가 공유할 수 있다. (사진 제공 : 미국 공군)

F-22A는 링크 16이라고 불리는 합동전술정보 배분시스템(JTIDS)을 갖추어서 보잉 E-3 센트리 공중경보통제기(AWACS)와 직접 정보를 주고받을 수 있다. (사진 제공 : 미국 공군)

센서 융합

록히드 마틴은 5세대 전투기의 특징 중 하나로 센서 융합이라는 기술을 도입했다. 센서란 지금까지 설명한 레이더, 경계 장치, CNI 장치 등 여러 가지 정보를 획득하기 위한 장치의 총칭이다. F−22뿐만 아니라 모든 전투기에는 다양한 종류의 센서를 구비하고 있다.

그러나 이전의 전투기는 각 센서 정보를 개별적으로 처리하여 조종석 시현장치에 시현하여 조종사에게 제공하였다. 그러므로 조종사는 정보를 일일이 파악한 후 머릿속에서 정리해서 최적의 대응책을 생각해내야만 했다. 때로는 센서로부터 전달받은 정보 중에 그다지 중요하지 않은 정보도 포함되어 있어서 정보를 취사선택해야 하는 수고로움도 있었다. 새로운 센서 융합 기술은 각각의 센서 정보를 처리하는 소프트웨어 안에 다른 센서에서 얻은 정보까지 취합하는 알고리즘을 도입한 것이다. 그 결과 여러 센서로부터 얻은 정보가 컴퓨터 안에서 일체화되고, 그중에서 중요하고 필요한 정보만을 취합하여 조종사에게 시현할 수 있다. 이에 따라 조종사는 시현화면을 보기만 하면 전체적인 전술 상황을 파악할 수 있게 되었다.

또한, 융합된 센서 정보는 앞에서 설명한 IFDL을 사용해서 다른 F−22에 보낼 수도 있다. IFDL로 정보를 수신한 F−22는 그 정보를 자신의 센서 정보와 융합할 수도 있다. 이로써 F−22는 작전행동을 중단 없이 매끄럽게 수행할 수 있게 되었다.

F-22는 각종 전자기기를 활용해서 정보를 모은다. 그런 정보 가운데 조종사에게 정말 필요한 정보만을 정리해서 정확히 알려주는 센서 융합 기술을 도입하였다. 사진은 전자기기의 비행시험에 사용한 개조한 보잉 757과 편대비행하는 모습이다.

(사진 제공 : 록히드 마틴)

네트워크 중심 작전(NCO)

앞으로의 군사작전은 네트워크 중심 작전(network centric operation, NCO)이다. 각 전투원, 전차부대, 항공모함, 항공기 등 전쟁터에서 활동하는 모든 전력을, 현지 지휘소와 통신위성을 통해 연결한다(networking: 네트워킹)는 개념이다. 기업에서 운용하는 인트라넷을 조금 더 커다란 규모로 확장했다고 생각하면 이해하기 쉬울 것이다.

모든 전투 요소를 '연결'하여 정찰위성이 수집한 정보부터 개별 전투 상황까지 모두를 사령부로 전송하면 변화하는 상황에 적절히 대응해서 작전할 수 있게 된다. 한편, 각각의 전투원도 각종 정보에 그때그때 접근할 수 있기 때문에 주변의 전투 상황과 자신이 놓인 상황을 비교해서 앞으로의 작전행동을 계획할 수 있다.

이런 NCO 태세를 구축하기 위해서는 F-22의 데이터 링크 같은 통신장치가 필수이다. 또한 전체 네트워크와의 호환성과 접속 편이성을 확보해야 한다. NCO 구상은 미국에서 가장 발달했지만, 모든 전투 요소를 네트워크로 융합하는 시스템을 완성하기까지는 많은 시간이 필요할 것이며, 현재 단계적인 작업이 진행 중이다. F-22 같은 새로운 장비는 처음부터 NCO와 연동할 것을 전제로 설계 · 개발하고 있다. F-22는 NCO 가운데에서도 중심적인 역할을 수행할 것으로 기대된다.

네트워크 중심 작전(NCO)의 개념도

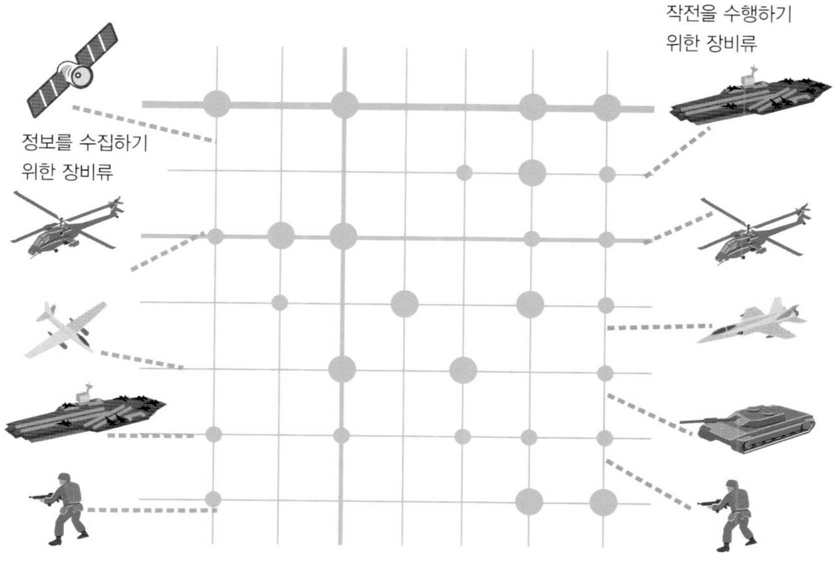

모든 전투 요소가 정보를 주고받을 수 있도록 정보 그리드로 구축한다.

네트워크 중심 작전(NCO)에서는 우주 공간에 있는 위성부터 전선에서 활동하는 전투원까지, 작전에 관여하는 모든 요소는 네트워크로 연결한다. 이렇게 구축한 네트워크를 정보 그리드라고 한다. 그림에서는 세로축과 가로축만으로 간소화되었지만, 실제로는 모든 요소가 촘촘히 연결되어 세밀하고 복잡한 네트워크를 구축한다. 원칙적으로 모든 요소가 모든 정보에 접근할 수 있지만, 불필요한 정보를 미리 걸러내는 일도 중요하다. 예를 들어, 이라크 전선에서 활동하는 병사에게는 아프가니스탄의 항공작전 정보가 불필요하기 때문에, 그런 불필요한 정보에는 접근하지 않도록 조치를 취해야 한다. 이런 NCO는 앞으로의 군사 활동에서 매우 중요한 역할을 담당할 것으로 보인다.

조종석

F-22의 조종석은 기존의 계기류(아날로그형)를 전혀 사용하지 않고, 디지털시현장치를 다수 배치한 설계이다. 이처럼 디지털시현장치를 중심으로 만든 조종석을 유리 조종석(glass cockpit)이라고 부른다. 조종석 내의 각 장치에 관해서는 앞으로 차근차근 설명하겠으며, 여기에서는 전체적인 배치만 설명하겠다.

정면 계기판 위에 있는 것이 전방시현장치로, 전투행동 중에 필요한 정보가 시현된다. 그 아래에는 키패드와 문자 · 숫자가 시현되는 일체형 조작패널이 있고, 그 좌우에는 상방시현장치라고 하는 작은 컬러시현장치가 있다. 정면 계기판에는 대형화면 시현장치가 3개 있고, 가운데 시현장치 아래에도 또 하나의 시현장치가 달려 있다. 이들 시현장치는 액티브 매트릭스형 컬러 액정 디스플레이이다. 비행 중에 여러 방향으로 기동하다 보면 햇빛이 들어오는 방향이 시시각각 변화하지만, 어떤 햇빛 상태에서도 화면 표시를 읽기 어렵지 않게 배려되어 있다.

또한, 야간 작전행동에서 조종사가 야간투시 고글을 착용할 때에는 조종석 내의 조명도 그에 맞게 조절되어, 야간에도 주간과 마찬가지로 화면의 가독성을 유지할 수 있다. 그를 위해 계기판 가장자리에는 발광다이오드를 사용한 조명이 설치되어 있다. 덧붙여, 각종 기체 외부 조명도 암시 고글에 적합하게 바뀐다.

조종석의 좌우에는 사이드 콘솔이 있다. 오른쪽 사이드 콘솔에는 조종간이 있고, 왼쪽 사이드 콘솔에는 스로틀 레버가 배치되어 있다.

F-22의 조종석 배치

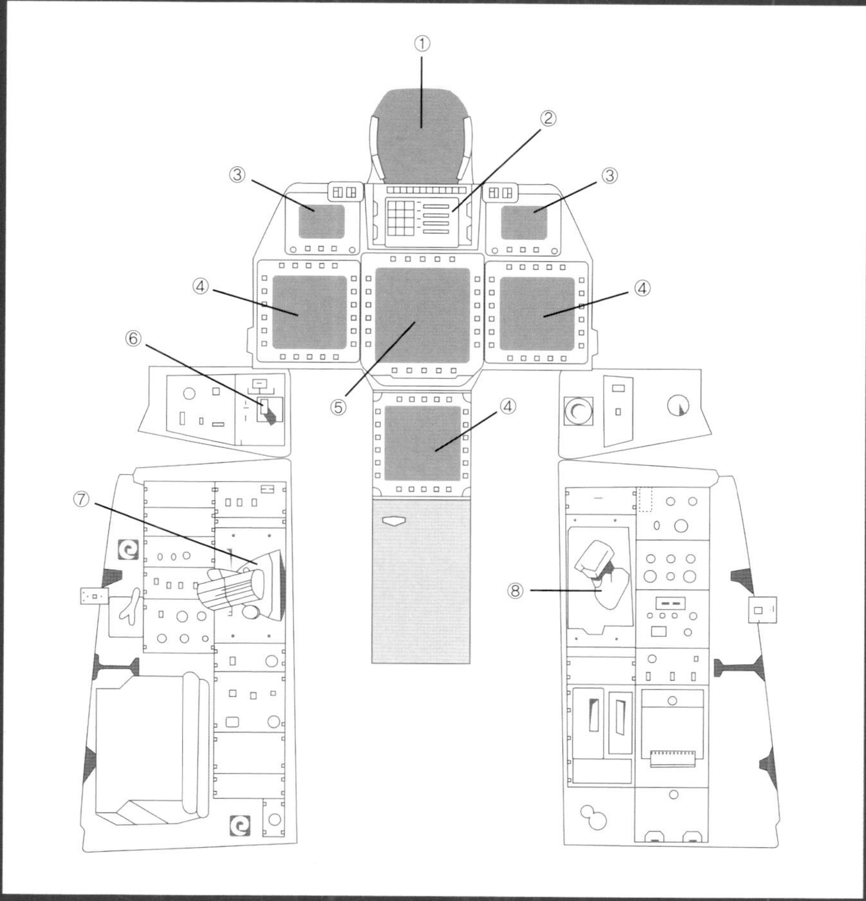

① 전방시현장치
② 일체형 조작패널
③ 상방시현장치
④ 2차 다기능시현장치
⑤ 1차 다기능시현장치
⑥ 착륙장치 조작 레버
⑦ 엔진 스로틀 레버
⑧ 조종간

전방시현장치(HUD)

전방시현장치(head-up display, HUD)는 계기판 위에 두었다. 컴바이너(combiner)라고 하는 투명 유리를 사용하며, 밑에서 투영하는 방식으로 정보를 띄우는 시현장치이다. 예전 전투기에는 이 위치에 조준기를 배치하여 공중전에서 표적을 공격할 때 사용했다. 그러나 조준기로는 표적의 방향과 거리밖에 파악할 수 없었고 자신의 자세, 속도, 고도 등을 알기 위해서 계기판으로 눈을 돌려야 했다. 그러는 사이에 조준이 흐트러지기 십상이었다. 그래서 조준정보와 함께 비행정보도 표시할 수 있도록 한 것이 HUD이며, 오늘날에는 전투기의 표준 장비가 되었다.

F-22의 HUD도 상세한 사항은 비밀이다. 높이는 약 11.4cm이고, 이 시현장치를 통해 확보할 수 있는 시야는 수평 방향으로 좌우 각각 30도, 상하 방향으로 각각 25도로 넓게 설정되어 있다. 표시 내용은 이전 전투기의 HUD와 기본적으로 동일하다. 선택한 무기에 대응하는 조준정보와 무기의 상태(남은 수량 등), 기체의 자세와 비행 방위, 비행 고도와 속도, 상승 · 하강 상태 등 여러 가지 비행정보가 표시된다. F-22의 조종석에는 백업용 비행계기가 따로 없고, 상방시현장치에 그 기능이 있을 뿐이다. 조종사는 HUD가 고장 나지 않는 한, 비행정보를 HUD에서 입수한다.

적외선 영상 센서 등을 장착한 전투기는 그 영상도 HUD에 표시할 수 있지만, F-22는 현재로서는 그런 종류의 센서를 장착할 예정이 없기 때문에 적외선 영상 시현 기능은 갖추지 않을 것으로 보인다.

전방시현장치(HUD)의 표시 예

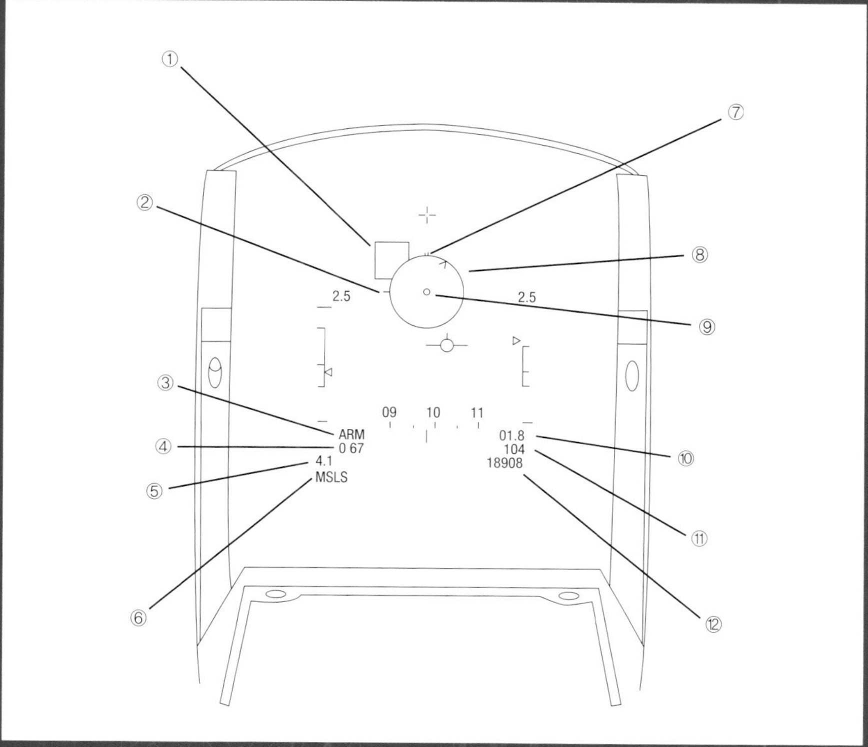

HUD에는 다음과 같은 정보를 시현한다. F-22의 표시 예는 아직 공개하지 않았기 때문에 F-16의 공대공 전투 모드 화면을 싣는다.

① 표적 지시 박스
② 최대 사정 표시 바
③ 안전장치 해제 표시
④ 현재의 비행 마하 수치
⑤ 최대 하중 수치
⑥ 미사일 모드 선택 표시
⑦ 최소 사정 표시 바
⑧ 조준원
⑨ 미사일 조준선 표시
⑩ 표적까지의 거리
⑪ 접근율 속도(상대 속도)
⑫ 표적까지의 거리(정밀 수치)

다기능시현장치(MFD)

F-22의 정면 계기판에는 커다란 시현장치 3개가 나란히 놓여 있고, 가운데 시현장치 밑에 4번째 화면이 있다. 이 시현장치들은 조종사가 상황에 따라 표시할 내용을 선택할 수 있으므로 다기능시현장치(multi function display, MFD)라고 부른다. 크기는 가운데 화면만 유독 커서 한 변이 20.3cm의 정사각형이고, 나머지 3개의 화면은 한 변이 15.9cm의 정사각형이다.

커다란 시현장치는 1차 다기능시현장치(primary multi function display, PMFD)이며, 보통은 설정한 비행경로 등 항법 데이터를 표시하는 데 사용한다. 그리고 그 화면에 전투행동에 필요한 전술상황 등을 함께 시현할 수도 있기 때문에 조종사는 1차 다기능시현장치에서 전술구상에 필요한 정보를 얻는다.

나머지 3개의 화면은 2차 다기능시현장치(secondary multi function display, SMFD)이며, 비행 단계나 전투상황에 따라 조종사가 필요하다고 생각하는 3종류의 화면을 불러온다. 주된 시현 내용은 센서 정보를 토대로 한 전술정보(공격모드와 방어모드), 엔진과 관련된 시스템 정보, 전기와 관련된 시스템 정보, 무기 등 항공기 장비에 관한 정보, 체크 리스트 등이 있다. 보통 좌우 SMFD에 전술정보나 엔진과 관련된 시스템 정보를 표시하고, 아래의 SMFD에 그 밖의 시스템 정보를 표시한다. 전투상황에 들어가면 좌우 SMFD는 전술정보와 탑재품 정보를 표시하는 데 사용한다.

PMFD와 SMFD는 완전히 호환되므로 어느 화면에 어떤 정보를 표시하든 상관없다. 설령 PMFD가 고장 나더라도 그 정보를 SMFD에 그대로 시현할 수 있다.

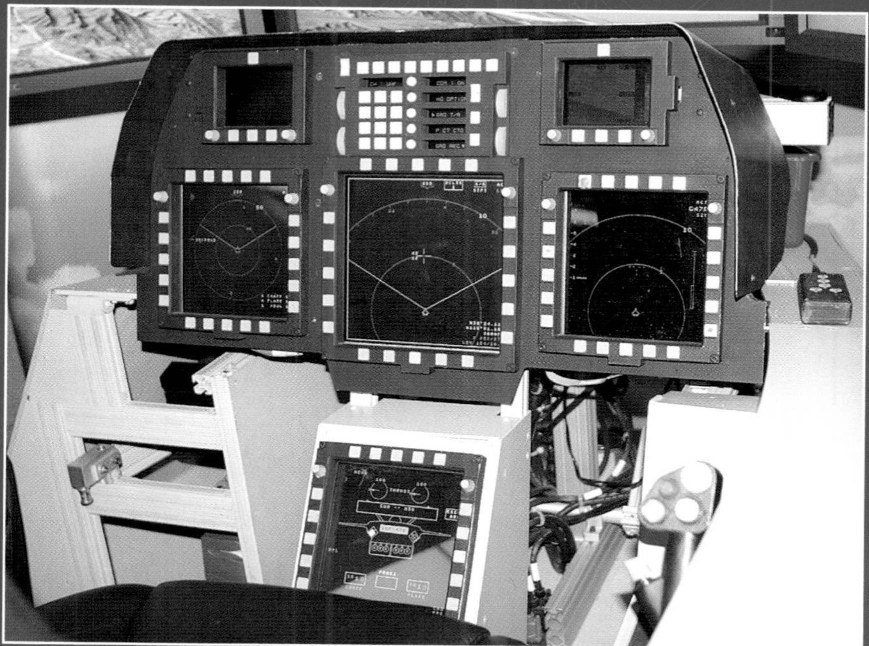

주계기판에는 대형화면이 3개 있고, 그 아래에도 화면이 1개 더 있다. 보통은 이 4번째 화면에 항법정보나 무기를 비롯한 전투 관련 정보, 각종 시스템 상황 등을 표시한다. 사진은 F-22의 일반 전시용 모조 계기판이다.
(사진 : 아오키 요시토모)

[유리 조종석(glass cockpit)]

오늘날 전투기뿐만 아니라 대부분의 항공기는 조종석 계기판에 계기를 설치하지 않고, 컬러 브라운관 혹은 액정시현장치를 설치해서 각종 정보를 시현한다. 이런 조종석을 유리 조종석이라고 부른다. 유리라는 말을 사용한 이유는 기존의 계기 대신에 유리판이 계기판을 덮었기 때문이다.

일체형 조작패널(ICP)

HUD의 바로 아래, 정면 계기판 중앙 위쪽에 있는 것이 일체형 조작패널(integrated control panel, ICP)이다. 가장 위쪽에 기능키 9개가 1줄로 늘어서 있고, 아래 왼쪽에 메시지 시현장치가 1줄 있으며, 그 아래에 텐키 키보드가 배치되어 있다. 오른쪽에는 5줄의 메시지 시현장치가 있다. 각 줄의 왼쪽에는 시현장치를 켜기 위한 2줄의 조작 버튼이 달려 있다.

이 ICP는 무전기의 주파수를 바꾸거나, 항법 데이터를 입력하거나, 자동 조종 장치의 기능을 켜는 데 사용한다. 설정을 한 번만 입력하고 난 후로는 버튼만 누르면 무전기 주파수 등을 변경할 수 있다. 또한, 선택한 기능을 더블클릭해서 확정하는 시스템이므로 컴퓨터를 사용하듯이 쉽게 조작할 수 있다. 그리고 ICP는 HUD를 조작(표시모드 변경 등)하는 데에도 사용한다. ICP의 양옆에 있는 다이얼 노브(손잡이)는 HUD와 ICP 표시 화면의 휘도와 대비를 조정하기 위한 것이다.

요즘 나오는 기존 전투기의 능력 향상형 기종에서는 터치 센서를 설치한 액정 화면을 조작패널로 사용하는 경우가 늘어났다. 커다란 표시 화면에 텐 키 키보드 등을 띄워서 화면을 터치하며 조작할 수 있도록 한 것이다. 하지만 F-22가 개발될 당시에는 전투기용으로서는 터치 센서 기술이 완성되지 않은 상태였다. 그 때문에 이 부분만큼은 약간 세련되지 못한 느낌이 없지 않다. 그러나 기능적으로는 기존의 장치보다 조작할 수 있는 내용이 더 많고, 조작하기도 쉽다.

조종석 계기판 가운데 위쪽에 버튼과 표시 줄로 구성된 ICP가 있다. (사진 제공 : 도쿠나가 가쓰히코/DACT)

상방시현장치

ICP의 양옆에 있는 작은 화면이 상방시현장치(up-front display, UFD)이다. 7.6cm×10.2cm의 가로로 넓은 컬러 액정시현장치이다. 이 UFD에는 주의 · 충고 · 경보 정보, CNI 정보, 예비 비행계기와 연료량 등을 시현할 수 있다. 일반적으로 왼쪽 UFD에 주의 · 충고 · 경보 정보를, 오른쪽 UFD에 예비 비행계기와 연료량을 표시하는데, 물론 조종사가 표시 내용을 자유롭게 선택할 수 있다. 또한 MFD와 마찬가지로 좌우 UFD는 완전히 호환되기 때문에 어느 한쪽이 고장 나더라도 나머지 화면에 더 중요한 정보를 표시할 수 있다. 표시 내용의 변경이나 각종 조작을 하려면 화면 아래쪽에 있는 3개의 버튼을 사용한다.

주의 · 충고 · 경보 정보는 최대 12종류의 메시지를 동시에 시현할 수 있다. 이 메시지는 전자식 체크 리스트와 연동하며, 조종사가 체크 리스트 표시 버튼을 누르면 그 아래에 있는 MFD에 체크 리스트가 표시되어 조종사에게 대응 방법을 보여준다. 그리고 항공기에 긴급한 문제가 생기면 표시와 함께 음성으로 경고한다. 예를 들어, 'caution-engine flame out!(주의! 엔진 정지!)'와 같은 음성이 나온다.

예비 비행계기는 인공수평선을 사용한 항공기자세, 비행고도, 비행속도 등 기본적인 비행정보가 시현된다. 또한, 남아 있는 연료량도 항상 시현해둘 수 있다. UFD 위쪽에는 엔진 화재 등을 알려주는 경보등이 늘어서 있다.

F-22의 조종석은 완전한 유리 조종석이며, 6개의 화면이 계기판에 있다. 그중에서 위쪽 양옆에 있는 작은 화면이 상방시현장치이며, 각종 주의 · 충고 · 경보 정보를 표시하거나 예비 비행계기를 시현하는 데 사용된다.
(사진 제공 : 록히드 마틴)

조종간과 스로틀 레버

F-22의 조종석에는 오른쪽에 조종간, 왼쪽에 스로틀 레버가 있다. 대부분의 항공기에서 조종간은 조종사의 정면에 놓여 있지만, 제너럴 다이내믹스가 F-16에서 처음으로 오른쪽에 조종간을 배치하는 사이드 스틱 방식을 실용화했다. 이후 록히드 마틴의 전투기와 훈련기는 모두 사이드 스틱을 채택했다. 또한, 이 조종간 자체는 힘을 주어도 좀처럼 움직이지 않고, 그 힘의 강도와 방향에 따라 조종사의 조종 의도를 비행 조종 컴퓨터가 판단한다. 이를 포스 컨트롤(force control) 방식이라고 한다.

스로틀 레버는 엔진의 추력을 조절하는 레버이다. F-22는 쌍발기이기 때문에 레버가 2개 있다. 보통은 일괄적으로 움직이지만, 두 레버를 각기 따로 조작할 수도 있다. 스로틀 레버를 앞으로 밀면 엔진 파워가 높아지고, 도중에 애프터버너가 점화된다. 기술 개발용 조종석 모델에는 스로틀 레버의 무게감을 조절하는 프릭션 레버가 설치되어 있었지만, 실전용 항공기에는 적용하지 않았다.

이 사이드 스틱과 스로틀 레버에는 여러 개의 버튼과 스위치가 달려 있어서 조종간이나 스로틀 레버에서 손을 떼지 않고 다양한 조작을 할 수 있다. 이런 방식을 일체형 조종간(hands on throttle and stick, HOTAS)이라고 하며, F-22의 경우 조종간과 스로틀 레버에 20개의 HOTAS 조작 장치가 있다. 이런 조작 장치를 사용하면 레이더의 모드 변경과 무기 선택 등 63가지 기능을 조작할 수 있다.

조종석 오른쪽 사이드 콘솔에 설치한 조종간. 손잡이에 각종 스위치가 달려 있어서 조종간에서 손을 떼지 않고도 다양한 조작을 할 수 있다. (사진 제공 : 도쿠나가 가쓰히코/DACT)

[사이드 스틱 조종간]

조종간을 조종사 옆에 배치하는 사이드 스틱 방식은 제너럴 다이내믹스가 F-16에서 처음으로 실용화했다. 이 방식은 그 후 민간 여객기에서도 채택하였다. 에어버스사가 개발한 A320 패밀리와 A330/A340, 그리고 최근의 2층짜리 초대형기 A380 등 플라이 바이 와이어 패밀리 여객기는 모두 사이드 스틱 조종간을 채택했다. 에어버스의 사이드 스틱은 게임기의 조이스틱처럼 모든 방향으로 움직인다.

사출좌석

전투기의 조종사가 앉는 좌석은 긴급 상황에서 탈출할 수 있는 사출좌석이다. 조종사가 탈출 조작을 하면 우선 조종석을 덮고 있는 캐노피가 자동으로 떨어져 나가고, 이어서 좌석에 달린 로켓 모터가 점화되어 좌석이 통째로 튀어 나간다. F-22의 사출좌석은 미국 공군 전투기의 공통 장비인 보잉사의 ACES Ⅱ를 사용하는데, 탈출 시의 안전성을 높이기 위해 안전벨트를 새로 설치하고, 낙하산을 개량했으며, 탈출 작동 타이밍(작동 개시, 캐노피 분리, 로켓 점화 등의 타이밍)을 개선했다.

조종사가 탈출할 때 필요한 조작은 좌석 앞쪽 발아래에 나와 있는 노란색 핸들을 잡아당기는 것뿐이다. 일부 전투기에서는 좌석 옆에도 핸들이 달려 있다. 핸들을 옆에 배치하는 편이 조작 자체는 쉽지만, 탈출 시에 팔이 기체에 부딪혀서 큰 부상을 입을 수 있기 때문에 F-22에서는 탈출 핸들을 중앙에만 배치했다.

핸들을 잡아당긴 후에는 모든 과정이 자동으로 작동한다. 좌석의 센서가 탈출 속도와 고도를 파악하고, (1) 낮은 고도 · 낮은 속도, (2) 낮은 고도 · 높은 속도 (3) 높은 고도 · 높은 속도 등 3가지 모드 가운데 하나를 선택해서 자동 시퀀스 기능을 작동시킨다. 높은 고도에서 탈출할 때에는 산소를 확보하는 일이 문제가 된다. 이에 대비해서 좌석 왼쪽에 부피 820 cm^3의 산소통이 비치되어 있다. 좌석 전체가 전동에 의해 앞뒤와 위아래로 움직이므로 조종사는 자신의 체형에 맞는 최적의 좌석 위치를 세팅할 수 있다.

F-22에 장착된 ACES Ⅱ 사출좌석

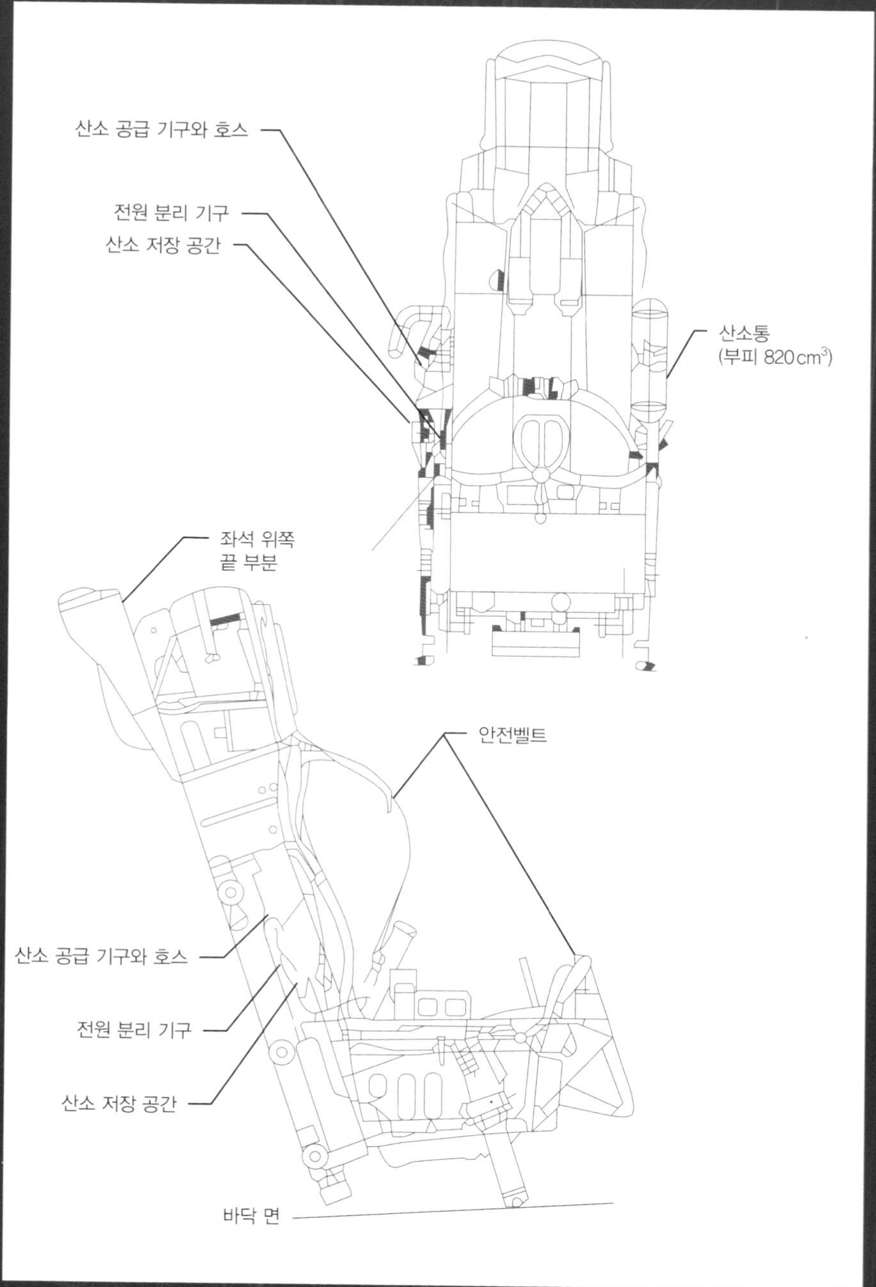

캐노피

F-22의 캐노피는 커다란 일체형 캐노피이며, 가장 뒷부분에 경첩이 있어서 앞부분이 위아래로 움직이도록 만들었다. 캐노피를 닫을 때에는 조종석 위치까지 내려서 기체와 밀착케 한 후 약간 전방으로 이동하여 잠그면 조종석은 완전히 밀폐된다. 캐노피를 열 때에는 이와 반대로 조작하면 된다. 잠금장치는 조종석 내의 오른쪽에 있다. 캐노피는 길이 3.56m, 너비 1.14m, 높이 68.6cm이며, 무게는 약 160kg이다.

캐노피는 두께 9.5mm의 투명한 폴리카보네이트판으로 만들어졌으며, 2장의 판을 가열해서 밀착하는 융해접착 기술을 사용했다. 그리고 조종석 안에서 나오는 레이더 반사를 억제하는 방법으로 스텔스성을 높이기 위해 금으로 코팅했다.

이런 일체형 캐노피는 이착륙을 할 때나 초저공비행을 할 때 새와 충돌하는 경우 취약하다는 평가가 있다. F-16도 일체형 캐노피를 사용한다. 일본 항공자위대가 F-16을 토대로 대폭 개조한 지원전투기 F-2를 개발할 때에는 그 임무의 성격상 저공비행이 많기 때문에 새와의 충돌과 정면풍에 대한 저항력을 높이기 위해 캐노피 전체의 강도를 강화했다.

F-22도 비슷한 문제가 있을 것으로 우려하였지만, 시험 결과 F-22의 캐노피는 낮은 고도를 고속 비행할 때 중량 1.8kg의 새와 충돌해도 버틸 수 있을 만큼의 강도라는 사실이 증명되어, 더 이상 설계를 변경하지 않았다.

F-22의 캐노피는 완전한 일체형이므로 시야를 방해하는 창틀이 없다. 따라서 조종사는 사방의 시야를 양호하게 확보할 수 있다. 그리고 레이더파가 드나들지 못하도록 코팅이 되어 있다.

(사진 : 아오키 요시토모)

F-22A 캐노피의 가장 뒷부분에 경첩이 있으므로 앞부분을 들어 올리는 방식으로 연다.

(사진 제공 : 미국 공군)

비행 조종 장치

F-22의 비행 조종 장치는 플라이 바이 와이어(fly by wire, FBW) 시스템이다. FBW는 컴퓨터를 사용한 조종 장치로, 오늘날 전투기뿐만 아니라 민간 여객기에도 널리 사용한다. 이전의 조종 장치는 조종사가 조종간을 움직이면 그 힘이 케이블을 거쳐 직접 조종타에 전달되었다. 따라서 조종타는 조종사의 조종 조작대로만 움직였다. FBW는 조종사의 조종 조작이 일단 전기신호로 바뀌고, 그 신호가 비행 조종 컴퓨터에 입력된다. 비행 조종 컴퓨터는 조종사의 조작은 물론 현재의 비행 자세나 주위의 대기 상황(풍향이나 풍속 등)을 각종 센서로부터 수집한 후 모든 정보를 계산해서 조종타의 움직임을 결정한다. 그리고 조종타를 움직이는 작동 기구에 그 계산 결과를 전기신호로 전달하고 최종적으로 조종면을 움직이게 된다.

예를 들어 조종사가 단순히 오른쪽으로 횡전하고 싶어서 조종간을 오른쪽 횡전으로 조작했을 때, 바람이 너무 세서 횡전이 불가능하다고 컴퓨터가 판단하면 바람의 영향을 제거하기 위해 다른 조종타를 자동으로 움직임으로써 최종적으로는 조종사가 바라는 대로 단순한 오른쪽 횡전을 할 수 있도록 만든다. 또한 F-22의 경우, 조종간에 실리는 힘을 기준으로 컴퓨터가 어느 정도의 속도로 횡전할지 판단을 내린다. 이 조종 시스템을 사용함으로써 조종사의 의도에 맞는 기체의 움직임, 높은 운동성, 뛰어난 안정성을 확보할 수 있다. F-22의 FBW에서는 이런 계산을 위해 4대의 디지털 컴퓨터가 사용되므로 4중의 백업 시스템이 구비되어 있는 셈이다.

F-22의 조종 시스템으로는 디지털 컴퓨터로 제어하는 플라이 바이 와이어 시스템을 사용한다.
(사진 제공 : 록히드 마틴)

주날개

F-22의 주날개는 전연(날개의 앞전)은 42도의 후퇴각(기체의 중심선에 대해 비스듬한 각도)을 지녔고, 후연(날개의 뒷전)은 17도의 전진각을 지녔다. 짧은 익단부는 기체 중심선과 평행하다. 전연은 익단부까지 직선이지만, 후연은 익단부에 가까워질수록 전진각이 42도로 커진다. 이런 주날개의 모양을 모접기 날개라고 부른다. 이런 모양 때문에 주날개 면적 자체는 시제기인 YF-22와 크게 다르지 않지만, 날개의 폭은 넓혔다. 이는 비행 중의 저항을 줄이고 운동성을 높이기 위한 조치이다.

주날개의 전연과 후연에는 작동하는 부분(움직이는 날개)이 있다. 전연에는 날개 부착부 근처의 극히 일부를 제외하고는 가늘고 긴 플랩을 두었고, 후연의 플랩은 공중전에서 운동성을 높이기 위해 최대 35도까지 내려간다. 하지만 비행이 불가능한 상태에 빠지려는 긴급한 상황에서는 위로 5도, 아래로 37도까지도 움직일 수 있다.

후연에는 플랩프론, 바깥쪽에는 에일러론이라는 움직날개가 있다. 횡전 조종(롤)을 하면 좌우 주날개의 에일러론이 서로 반대 방향으로 움직인다. 움직이는 범위는 위아래로 각각 25도이다. 플랩프론은 주날개가 생성하는 양력을 늘리는 기능을 지니며, 에일러론으로서의 기능도 겸한다. 작동 각도의 범위는 아래로 35도, 위로 25도이다. 플랩프론으로서 기능할 때에는 좌우 모두 내려가지만, 에일러론으로서 기능할 때에는 바깥쪽 에일러론과 연동해서 움직인다. 플랩프론은 전연의 플랩과 연동해서 기동성을 높인다.

바로 위에서 바라본 F-22. 주날개의 모양을 잘 알 수 있다. 앞쪽 가장자리는 완전한 직선이고, 뒤쪽 가장자리는 익단부 근처에서 각도가 달라진다. 이런 모양을 모접기 날개라고 부른다. 시제기 주날개의 설계를 변경해서 운동성을 높였다. (사진 제공 : 록히드 마틴)

시제기 YF-22를 위쪽에서 바라본 모습이다. 주날개가 모접기 날개가 아니라, 좀 더 단순한 모양이라는 사실을 알 수 있다. (사진 제공 : 록히드 마틴)

수평안정판

동체 뒤쪽 가장 끝 부분에 달린 수평안정판은 기수를 상하 방향(pitching)으로 조종하거나 기체를 횡전(rolling)으로 조종하는 데 사용한다. 그 효과를 최대한 발휘할 수 있도록 가능한 한 뒤쪽에 배치했다. 시제기 YF-22의 수평안정판에 비해 약 0.18m^2 더 커졌다. 이는 조종타로서의 효과를 높이기 위한 조치이다. 수평안정판에는 움직날개가 전혀 없는 대신에 수평안정판 전체가 움직인다. 이를 전동식(all movable) 수평안정판이라고 하며, 예전부터 많은 전투기에서 이 방식을 채용했다.

움직이는 각도는 전연에서 위로 최대 30도, 아래로 최대 35도이다. 좌우 수평안정판을 같은 방향으로 움직이면 피치 조종을 할 수 있고, 서로 다른 방향으로 움직이면 롤 조종을 할 수 있다. 롤 조종을 할 때에는 주날개의 에일러론이나 플랩프론과 동조해서 움직일 수도 있다.

수평안정판은 5각형이며, 그 후퇴각은 전연과 후연 모두 42도로서 주날개의 전연후퇴각과 동일하다. 익단부는 기체 중심선에 대해 평행하며, 익단부 뒤쪽 끝과 수평안정판 후연을 잇는 선은 주날개의 후연과 동일한 17도의 전진각을 지닌다. 이처럼 각 부분의 각도를 주날개와 동일하게 만듦으로써 사용하는 각도의 가짓수를 줄일 수 있고, 스텔스성을 높일 수 있다.

수평안정판은 시제기에서 양산형으로 나아갈 때 설계가 크게 변경된 것들 중의 하나이다. YF-22의 수평안정판은 사다리꼴이었고, 후연의 동체 부착부의 직선 부분은 동체 뒷부분보다 더 뒤로 튀어나온 형태였다. F-22에서는 후연의 라인을 변경함으로써 후연 동체 부착부를 동체 뒷부분의 위치에 맞추었다.

F-22의 수평안정판은 오늘날 대부분의 전투기와 마찬가지로 전체를 움직이는 전동식이다. 사진은 좌우 수평안정판을 최대한 내린 상태이며, 비행 중에 이런 상태라면 기수가 올라간다. (사진 : 아오키 요시토모)

F-22의 수평안정판은 시제기보다 약간 대형화되었고, 뒤쪽 가장자리의 라인도 크게 변경했다.
(사진 : 아오키 요시토모)

수직안정판

F−22의 수직안정판은 미국 공군의 주력 전투기 F−15 이글과 마찬가지로 2개이다. 다만, F−15가 동체에서 수직으로 세워져 있는 데 비해, F−22는 좌우 각각 28도씩 바깥으로 기울어져 있다. 이는 레이더 단면적을 줄여 스텔스성을 높이기 위한 조치이다. 그 결과 좌우 수직안정판의 가장 윗부분 간격은 동체 부착부보다 넓은 5.97m가 되었다. 수직안정판 자체의 모양은 단순한 사다리꼴이며, 앞쪽 가장자리와 뒤쪽 가장자리의 밑변은 각각 22.9도로 통일되어 있다. 두 수직안정판의 합계 면적은 시제기 YF−22의 20.26m^2에서 16.54m^2로 크게 줄었다. 이 또한 레이더 단면적을 줄이는 효과를 발휘한다.

좌우 수직안정판의 뒷부분에는 기수를 좌우 방향으로 움직이는 요(yaw) 조종용의 러더(조종타)(역자주: 통상적으로는 방향타라고 함.)가 각각 달려 있다. 이 러더는 좌우 각 30도의 범위로 움직이고, 좌우가 같은 방향으로 움직이면 요(yaw) 조종을 할 수 있다. 이 러더의 합계 면적은 5.09m^2로 비교적 크며, 수직안정판의 약 1/3을 차지하므로 충분한 조종타의 효과를 보인다. 또한, 이 러더는 좌우를 반대 방향으로 움직일 수도 있다. 이 기능은 에어 브레이크라고 부르며, 필요시 비행 중에 항공기가 받는 공기 저항을 크게 하여 비행속도를 감소케 할 수 있을 뿐 아니라 착륙 시에 활주 거리를 짧게 만드는 효과도 있다.

러더는 조종석 내의 조종사 발밑에 있는 좌우 페달을 사용해서 조작한다. 또한, 에어 브레이크로서 사용할 때에는 스로틀 레버에 달려 있는 버튼을 누른다.

F-22의 수직안정판 2개는 등각사다리꼴이며, 좌우 각각 바깥쪽으로 28도씩 기울어져 있다. 뒤쪽 가장자리는 에어 브레이크를 겸한 러더가 달려 있고, 그 면적은 수직안정판 전체의 약 1/3에 달한다.

(사진 : 아오키 요시토모)

착륙 · 제동 장치

F-22의 착륙장치는 매우 일반적인 3각 전륜식이며, 바퀴도 각 랜딩기어당 1개씩이다. 랜딩기어를 접고 내리는 동작은 유압으로 작동되고, 랜딩기어를 접은 상태에서 유압이 고장 나면 랜딩기어 자체의 무게로 내릴 수 있도록 설계했다.

전방 랜딩기어는 조종석 바로 아래에 달려 있고, 앞쪽으로 접어서 수납한다. 또한, 유압에 의한 스테어링(방향조정) 기능이 있어서 지상 주행 중에 방향을 바꾸는 데 사용한다. 이륙 시에는 보통 바퀴가 앞으로 똑바로 놓이지만, 어떤 이유에서든지 똑바로 놓이지 않은 상태로 접히더라도 자동으로 똑바른 위치로 되돌리는 기능을 갖고 있다.

주 랜딩기어는 동체 중앙부 좌우에 달려 있고, 각각 바깥쪽으로 접어서 수납한다. 그 때문에 랜딩기어의 다리는 동체 안으로 수용되지만, 바퀴는 주날개 안으로 들어간다. 주 랜딩기어의 바퀴에는 탄소섬유를 사용한 강력한 안티스키드식 브레이크가 달려 있어서 높은 제동력을 발휘한다.

동체 뒷부분 아랫면에는 다른 전투기와 마찬가지로 제동 갈고리가 있고, 스텔스성을 유지하기 위해 갈고리 전체가 커버로 덮여 있다. 사용할 때에만 커버를 열어 갈고리를 노출한다. 이 갈고리는 브레이크가 고장 났을 때나 충분히 감속되지 않은 상태에서 착륙해야 할 때 항공기를 활주로에 정지케 하는 장치이다. 이를 위해 기지의 활주로 끝에는 갈고리를 걸기 위한 와이어(어레스팅 케이블)가 설치되어 있고, 필요할 때 그 와이어를 세우게 된다. 갈고리가 와이어에 걸리지 않을 때를 대비해 활주로의 가장 끝에 초과저지망(제트베리어)을 설치해서 항공기를 강제로 정지케 한다.

F-22의 주 랜딩기어는 중앙 동체 아랫부분에 달려 있다. 이 랜딩기어를 접으면 다리는 동체 안으로, 바퀴는 주날개 안으로 수납된다.
(사진 : 아오키 요시토모)

동체 뒷부분 아랫면에는 긴급 상황에서 사용하는 제동 갈고리가 달려 있다. 스텔스성을 유지하기 위해 평소에는 커버로 덮어 둔다.
(사진 : 아오키 요시토모)

F119 엔진

F-22의 엔진은 프랫 & 휘트니의 F119-PW-100 터보팬 2개이다. 터보팬 엔진은 엔진의 가장 앞부분에 팬을 배치해서, 그곳으로 들어오는 공기 흐름의 일부는 엔진 본체로 흐르고, 나머지 부분은 팬을 통과한 후 엔진 바깥쪽으로 흐르도록 한 엔진을 말한다. 이때 각 공기 흐름의 비율을 바이패스비(bypass ratio)라고 한다. 바이패스비가 커지면(엔진 바깥쪽으로 흐르는 공기의 양을 늘리면) 연료 소비가 적어진다. 때문에 여객기에서는 바이패스비가 큰 터보팬 엔진을 사용한다. 하지만 바이패스비를 늘리려면 팬이 커야 한다. 따라서 엔진을 전투기 동체에 장착하기가 어려워진다. 그 때문에 전투기용 터보팬 엔진은 바이패스비가 작다. F119의 바이패스비는 0.45에 불과하다.(역자주: 바이패스 에어는 코어엔진과 배기가스의 온도를 낮춰 적외선 방출량을 줄여주는 효과를 주기도 한다.)

F119는 애프터버너(후연장치, 재연소 기구)가 설치되어 있다. 이 재연소 기구를 사용했을 때의 최대 추력은 156kN에 달한다. 하지만 애프터버너를 사용하지 않을 때의 추력도 크다. 수치는 공개하지 않지만 105kN 정도일 것으로 추정된다. 이처럼 애프터버너를 사용하지 않을 때의 추력이 크기 때문에 F-22는 초음속 순항비행을 할 수 있다. 또한, F119에는 최신 소재나 설계 등 각종 신기술을 도입하였고, 부품의 수를 다른 전투기용 엔진에 비해 40% 줄임으로써 매우 높은 신뢰성과 정비성을 갖추는 데 성공했다.

엔진은 FADEC(full authority digital electronics control, 전자제어장치)으로 운용하고 관리한다. FADEC은 조종사의 스로틀 레버 조작을 전기신호로 변환하고 그 신호로 엔진의 추력을 제어하는 장치이다.

제3장 무장

F-22는 작전 비행 중에도 높은 스텔스성을 유지하도록 무장을 항공기 외부에 장착하지 않고 모두 무장창 안에 수용한다. 이런 제약 속에서 F-22는 어떤 무장을 장착하고 있을까? 이 장에서는 공중전에서 빼놓을 수 없는 공대공 미사일부터 폭탄과 기관포까지, 이미 운용하는 무장과 앞으로 운용할 가능성이 높은 무장을 설명한다.

F-22의 무장창

F-22는 작전 비행 중에도 높은 스텔스성을 유지하기 위해 무장을 항공기 외부에 장착하지 않는다. 특별한 경우 외에는 무장을 동체 좌우에 있는 공기 흡입구 근처 내부와 중앙 동체 내부에 마련된 4군데 무장창에 수용한다.

공기 흡입구 근처의 무장창은 비교적 작다. AIM-9 사이드와인더 공대공 미사일 1발을 수용할 수 있다. 덮개는 상하 분할형으로, 중심을 경계로 위아래 방향으로 나뉘어 열린다. 덮개가 열리면 미사일을 매단 발사장치가 바깥으로 나와 미사일을 발사할 수 있게 된다.

중앙 동체 아랫부분의 무장창은 훨씬 크다. 2개의 무장창이 나란히 붙어 있기 때문에 하나의 큰 무장창처럼 보이지만, 사실 중앙이 구분되어 있다. 각 무장창에는 대형 덮개가 하나씩 달려 있고, 바깥쪽을 향해 열린다. 이 무장창에는 공대공 전투임무의 경우 AIM-120 AMRAAM 공대공 미사일을 3발씩 장착한다. 이것 역시 덮개를 열고 발사장치를 바깥으로 내려서 미사일을 발사한다. 미사일은 발사장치를 떠난 직후에, 로켓 모터가 점화하면 비행하기 시작한다. 발사를 끝내면 곧바로 발사장치를 거둬들이고 덮개를 닫는다.

또한, 중앙 무장창에는 유도폭탄도 장착할 수 있다. 지금까지 F-22에 운용할 수 있게 승인된 폭탄은 위성항법장치와 관성항법장치를 유도장치로 사용하는 1,000lb(454kg)의 GBU-32뿐이다. 한 무장창에 GBU-32를 1발씩 수용하는데, AMRAAM을 1발 더 수용할 수도 있다.

동체 측면과 중앙 동체 아랫면의 무장창 덮개를 열고 비행하는 F-22. 실제로는 무기를 발사하기 직전에 덮개를 열고, 발사 직후에 닫는다. 다른 전투기는 조종간의 발사 버튼을 누르면 곧바로 미사일이 발사되지만, F-22는 덮개가 열리고 나서 무기가 발사되기 때문에 실제로 발사될 때까지 약간의 시간차가 생긴다.
(사진 : 아오키 요시토모)

공대공 미사일(1): AIM-9 사이드와인더

AIM-9 사이드와인더는 적외선 유도방식, 즉 특정 물체가 내뿜는 열을 포착해서 추적하는 공대공 미사일이다. 비행 중의 항공기에서 가장 온도가 높은 곳은 엔진의 배기구이므로, 표적의 후방을 노리면 명중률이 높다. 사이드와인더는 소형 미사일로 운동성이 뛰어나므로 단거리 전투에서 사용된다.

현재 F-22가 장착한 AIM-9 사이드와인더는 3세대인 M형이다. 머리에 있는 적외선 탐지장치의 감도가 높고, 비행 중 항공기의 주날개에서 발생하는 마찰열도 포착할 수 있어서, 표적의 정면에서 발사할 수도 있다. 또한, 기존형보다 방해에 대한 대처 능력이 높다.

사이드와인더의 최신형은 AIM-9X이며, 오프 보어사이트(off-boresight, 조준선 밖) 교전능력을 추가한 것이다. 이전의 사이드와인더는 미사일의 감지부가 표적의 열을 포착하지 못하면 발사할 수 없었지만, AIM-9X는 조종사의 헬멧에 장착한 조준장치를 활용해서 조종사가 움직이는 머리의 방향으로 발사할 수 있다. 이처럼 전방 이외의 방향으로도 사격할 수 있는 능력을 오프 보어사이트라고 한다. F-22도 헬멧장착 조준장치와 AIM-9X를 운용할 것으로 보이지만, 현재는 단거리 교전능력을 중시했기 때문에 우선순위가 낮아 아직까지 도입하지 않았다.

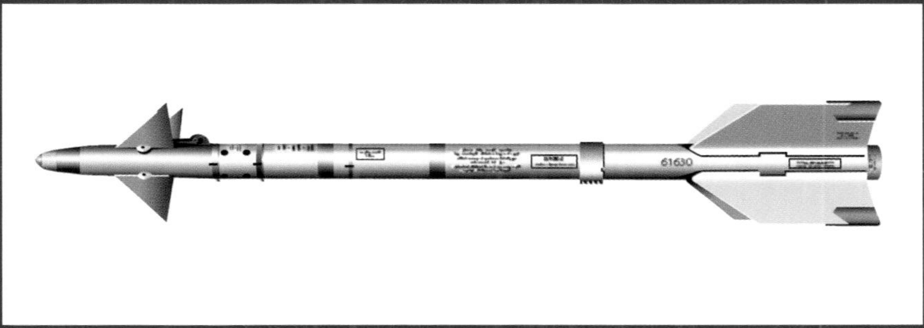

좌우 동체 측면 무장창에 장착하는 AIM-9M 사이드와인더. (사진 제공 : 미국 공군)

[AIM-9M의 주요 제원] 전장: 2.90m, 동체 지름: 12.7cm, 날개 폭: 0.64m,
발사 중량: 86kg, 탄두 중량: 10.2kg, 사정거리: 8km.

AIM-9M 사이드와인더를 발사한 F-22. 최신형 AIM-9X도 있지만, F-22는 아직 AIM-9X를 운용하지 않는다. (사진 제공 : 록히드 마틴)

헬멧장착 조준장치

헬멧장착 조준장치는 전투기 조종사의 필수품으로, 전투기에 널리 적용할 요량으로 세계 각국에서 개발이 한창이다. 이 장치는 헬멧에 달려 있는 바이저(visor)에 전방시현장치(HUD)와 동일한 정보를 띄우고, 그에 따라 조종사가 표적을 조준할 수 있도록 한 것이다.

조종사가 정면 이외의 방향에서 표적을 발견하고 조준하면 그 정보가 미사일에 전달된다. 그러면 미사일의 감지장치가 표적을 포착하지 않아도 조종사가 전달한 방향으로 미사일이 발사되고, 그 후 감지장치가 표적을 포착해서 적중케 한다. 이것이 오프 보어사이트 방식의 교전이며, 반드시 헬멧장착 조준장치가 필요한 교전방식이다.

HUD는 전투행동 중의 조종사가 조준정보와 함께 비행정보까지 얻을 수 있는 편리한 장치이지만, 계기판 위에 부착되어 있으므로 조종사가 정면을 보지 않을 때에는 사용할 수 없다. 그러나 실제 비행 활동 중에 조종사는 항상 여러 방향을 둘러보며 눈을 움직인다. 근접 공중전이나 저공비행 중에는 더욱 그러하므로 HUD를 보지 않는 시간이 늘어난다. 하지만 바이저에 HUD와 동일한 정보를 띄우면 조종사는 항상 필요한 정보를 얻을 수 있다.

이 장치를 개발하는 데 중요했던 점은 경량화이다. 머리에 쓰는 헬멧은 목에 부담을 주고, 특히 커다란 중력 하중을 받으면 그만큼 부담이 더 커지기 때문이다. 미국의 최신 시스템은 헬멧을 포함해 1.9kg까지 경량화하였다.

보잉이 개발한 합동 헬멧장착 큐잉장치(JHMCS)는 미군에서 이미 전투기 조종사용으로 실용화하였다. 이는 바이저에 투영하여 시현하는 기능을 갖춘 헬멧이다. F-22에서도 이 장치를 사용할 수 있도록 계획하고 있지만 도입의 우선순위는 높지 않다. (사진 제공 : 미국 공군)

AIM-9 변천 과정

1946년 미국 해군은 열을 탐지해서 그 발생원을 추적하는 적외선 유도 미사일을 연구하기 시작하였다. 1951년부터 개발 작업을 본격화하여 1953년 9월에 XAAM-N-7(AIM-9A)을 시험 발사에 성공해서 양산하였고, AAM-N-7(AIM-9B)으로 생산하기 시작하였으며, 1956년부터 부대에 배치하였다. AIM-9B의 개량형이 AIM-9D와 AIM-9E인데, AIM-9D는 미국 해군이, AIM-9E는 미국 공군이 사용했다.

AIM-9E는 미사일의 운동성능을 높이기 위해 날개를 대형화한 것이고, AIM-9J와 AIM-9P는 운동성능과 명중 확률을 높이기 위해 감지부를 개량한 2세대형이다.

1970년대에 들어서서 미국 공군과 해군이 공동으로 3세대 사이드와인더의 연구를 시작해서 표적의 정면에서도 발사할 수 있도록 고감도 감지장치를 갖춘 AIM-9L을 만들어냈다. AIM-9L을 개량해서 방해수단에 대한 높은 대항력과 로켓 모터를 무연화한 것이 AIM-9M이다. 그리고 현재는 오프 보어사이트 교전이 가능하고 운동성이 매우 높은 AIM-9X를 배비하기 시작했다.

이처럼 사이드와인더를 지속적으로 개량하여온 결과 미국 공군과 해군은 물론 전 세계의 많은 국가에서 사용하는 표준적인 적외선 유도 공대공 미사일이 되었다. 일본에서도 항공자위대가 AIM-9L까지 수많은 형태의 AIM-9을 전투기용으로 운용하고 있다. 최근에는 독자적으로 개발한 공대공 미사일(AAM-3, AAM-5)을 운용하기 시작했다.

AIM-9 사이드와인더 시리즈의 1세대형. 위에서부터 AIM-9B, AIM-9D, AIM-9C이다. AIM-9C는 레이더 유도방식을 채용하였지만 실용화하지는 않았다. (사진 제공 : 미국 공군)

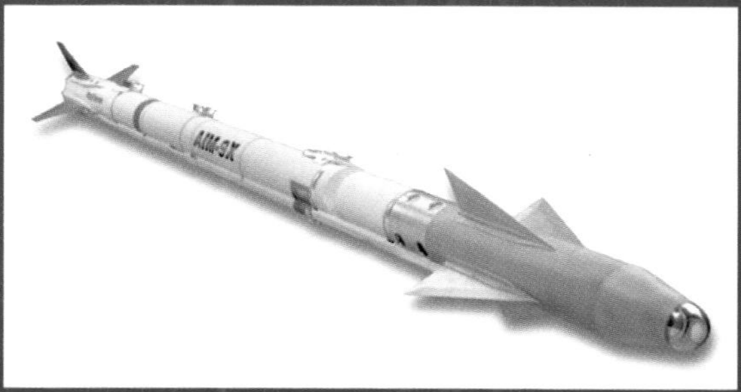

사이드와인더의 최신형 AIM-9X. 헬멧장착 조준장치를 활용하면 통상적인 조준 범위 밖에 있는 표적을 향해 발사할 수 있지만(오프 보어사이트), F-22에는 아직 적용하지 않았다.

(사진 제공 : 레이시언)

공대공 미사일(2): AIM-120 AMRAAM

AIM-120은 미국 공군과 해군이 1975년에 발달형 중사정 공대공 미사일(advanced medium range air-to-air missile, AMRAAM) 프로젝트로 개발한 미사일이며, 이 프로젝트명이 그대로 미사일의 별명으로 정착됐다. AMRAAM은 '암람'이라고 읽는다.

AMRAAM은 중사정 공대공 미사일로 사용하던 AIM-7 스패로우의 후속 미사일로 개발하려던 것이었다. 스패로우보다 속도가 빠르고 사정거리가 길며 운동성이 높은 미사일을 개발하고, 전자방해 등 대항 수단에 대한 저항력을 갖추는 것이 목표였다. 그보다 중요한 것은 능동형 레이더(active RADAR) 유도 시스템을 채택하여 그 목표를 달성하려는 구상이었다. 능동형 레이더 유도란, 미사일 자체에 온전한 레이더를 장착해서 전투기가 레이더로 표적을 지시하면 그 정보가 미사일에 전달되고, 발사 후에는 미사일 자체의 레이더를 이용해서 스스로 표적을 향하도록 하는 기술이다. 그 덕분에 전투기는 미사일을 발사한 후에 더 이상 신경 쓰지 않고 자유롭게 행동할 수 있게 된다.

F-22는 이 AMRAAM을 중앙무장창에 수용하는데, 한정된 공간에 3발씩 수용했기 때문에 중앙 미사일 위치를 약간 앞쪽으로 당겨 장착한다. 그래도 여전히 공간이 부족하기 때문에 미사일 본체에 달린 핀의 끝을 약간 잘라 안정 핀(fin)의 폭을 줄인 AIM-120C계열(AIM-120C-4/-7)을 운용하기로 했다.

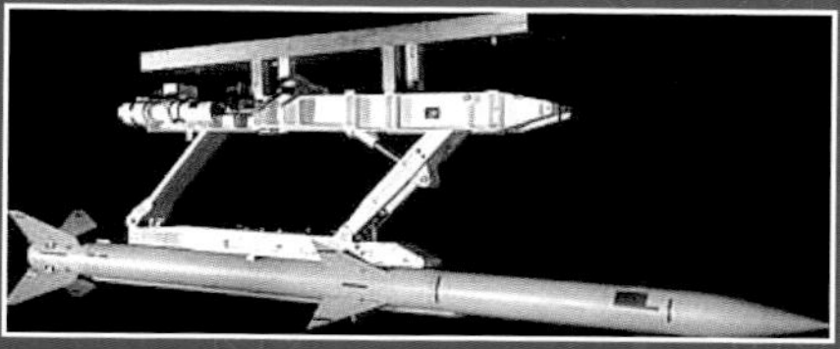

F-22 전용 현가장치 AVEL에 장착한 AIM-120C. 무장창의 덮개를 열면 현가장치가 내려와 미사일을 기체 밖으로 내민다. 미사일이 발사대를 떠난 직후에 로켓 모터를 점화한다. (사진 제공 : 에두)

AIM-120C AMRAAM을 발사한 F-22. (사진 제공 : 미국 공군)

[AIM-120C AMRAAM의 주요 제원] 전장: 3.65m, 동체 지름: 17.8cm, 날개 폭: 0.44m, 발사 중량: 157kg, 탄두 중량: 22kg, 사정거리: 50~70km.

중사정 공대공 미사일의 역사

미국은 1940년대 말부터 사정거리가 20km를 넘는 중사정 공대공 미사일을 개발하기 시작했으며, 미국 해군은 1947년에 12.7cm 로켓탄을 이용하여 전파유도(빔 라이딩) 유도방식을 실험하기 시작했다. 그러나 이런 유도장치를 수용하기에는 탄체가 너무 가늘어서 지름 20.3cm의 새로운 탄체를 설계하였고, 1952년에 최초의 발사 시험을 실시하였다. 이를 더욱 개량해서 1956년에 실용화한 것이 AAM-N-2(AIM-7) 스패로우이다. 하지만 빔 라이딩 방식으로는 표적을 육안으로 조준해야 하는 사정거리의 제약 문제가 있었다. 그래서 스패로우Ⅱ라는 개량형을 계획하였지만, 기술적인 문제 등으로 실용화하지 못했다.

한편, 1951년에 반능동형 레이더(semi-active RADAR) 유도방식을 개발하였고, 1958년에 미국 해군이 이를 장착한 스패로우Ⅲ를 채택함으로서, 이후 공군과 해군의 표준적인 중사정 공대공 미사일로 운용하게 되었다. 반능동형 레이더 유도란, 전투기가 레이더로 표적을 조사하면 그 반사파를 미사일의 안테나가 포착해서 그 반사원을 향하도록 하는 유도방식이다. 그 때문에 전투기는 미사일이 명중할 때까지 표적을 레이더로 계속 포착하고 있어야 한다. 미사일이 날아가는 도중에 레이더 조사가 중단되면 미사일은 방향감각을 잃어버린다. 이는 특히, 정면을 가로지르는 움직임에 대해 매우 취약했다.(역자주: 각속도 변위가 클수록 더욱 심각해진다.) 이런 문제를 해결하여 오늘날 널리 사용하게 된 형상이 능동형 레이더 유도방식을 갖춘 AIM-120 AMRAAM이다.

AIM-7M 스패로우를 발사하는 F-15C. AMRAAM이 실용화되기 전까지 스패로우는 미국 공군의 중요한 중사정 공대공 미사일이었다. (사진 제공 : 미국 공군)

AIM-7 스패로우 시리즈의 최신형인 AIM-7M. 전파방해에 대한 대항력을 강화했다. (사진 제공 : 미국 공군)

GBU-32 1,000lb JDAM

F-22는 개발 작업을 진행하는 도중에 정밀유도무기를 사용하는 공대지 정밀 공격 능력도 갖추기로 했다. 이를 위해 선택한 폭탄이 GBU-32이다. GBU-32는 미국 공군과 해군이 공동으로 개발한 정밀유도폭탄 JDAM(합동정밀직격탄) 패밀리의 하나로, 탄체는 1,000lb(454kg)의 Mk84 일반폭탄(GP)을 사용한다.

JDAM은 정밀유도폭탄을 값싸게 운용할 수 있도록 개발한 것이다. 그래서 JDAM은 기존의 통상폭탄을 탄체로 사용하고 유도장치를 키트화해서 장착하는 방법을 채택하였다. 이 키트는 위성항법장치(GPS), 관성항법장치(INS), 낙하 활공을 제어하는 제어 컴퓨터, 조종타 등으로 구성된 유도부와, 폭탄의 궤적을 안정화하기 위한 스트레이크라는 작은 핀으로 구성된다. 유도부는 탄체 뒷부분 끝에 장착하고, 스트레이크는 탄체의 중앙부에 장착한다.

JDAM을 투하할 때에는 우선 표적의 위치 좌표 정보를 전투기에 입력하고, 전투기의 폭격 컴퓨터가 투하 가능 상태를 표시하면 조종사는 폭탄을 투하한다. 투하 후에 JDAM의 제어 컴퓨터가 GPS 위성에서 정보를 계속 받아서 겨냥한 표적을 향해 낙하한다. GPS 신호가 끊기면 INS로 세팅해 둔 위치를 향하게 한다. 이 유도방식은 레이저 유도에 비해 명중 정밀도가 낮지만, 값이 싸다는 이점이 있다.

GBU-32 1,000 lb JDAM을 투하하는 F-22. (사진 제공 : 미국 공군)

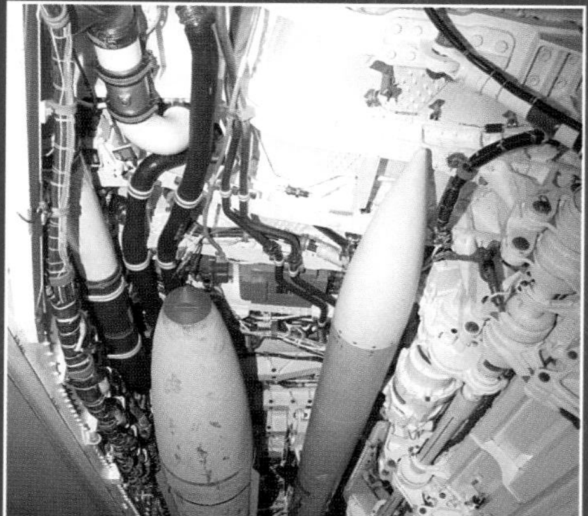

중앙 동체 아랫부분의 무장창에 AIM-120C와 나란히 걸어둔 GBU-32. F-22는 한 곳에 GBU-32와 AIM-120C를 1발씩 장착할 수 있다. (사진 제공 : 미국 공군)

GBU-39 SDB

소직경폭탄(small diameter bomb, SDB) GBU-39를 JDAM에 이어 F-22에 운용할 수 있도록 하는 작업을 진행하고 있다. GBU-39는 기본적으로 JDAM과 동일한 유도장치를 사용하지만, 탄체는 새로 개발한 250lb(113kg) 폭탄을 사용한다. 이 폭탄의 지름이 불과 19.0cm로 가늘기 때문에 SDB라는 명칭을 붙혔다.

SDB가 JDAM과 크게 다른 점은 활공용 날개를 달았다는 것이다. 폭탄을 장착하여 두었을 때에는 날개를 탄체에 완전히 접어두지만, 투하하면 1.38m에 달하는 날개가 펴진다. SDB의 날개는 비행기의 주날개와 마찬가지로 양력을 생성하므로, 활공해서 표적을 향하게 된다. 높은 고도에서 투하하면 최대 약 75km 떨어진 표적을 명중시킬 수도 있으며, 표적의 반경 3m 범위에 그중 반수를 착탄케 할 수 있는 정도의 정밀도를 지녔다. 또한 앞쪽 끝 부분을 강화하고, 폭발을 늦추는 지연신관을 사용해서 두께 1m의 단단한 콘크리트를 관통하는 성능을 갖게 되었다.

F-22는 이 SDB를 스마트 랙(smart rack) 현가장치에 걸어서 중앙 무장창 내에 장착한다. 스마트 랙 하나에는 최대 4발의 SDB를 걸 수 있고, 무장창 한 곳에 스마트 랙 하나를 수용할 수 있다. 따라서 장착 가능한 SDB는 최대 8발이다. 그리고 GBU-32 JDAM과 마찬가지로 AIM-120 AMRAAM을 1발씩 더 장착할 수 있다.

F-117A 스텔스 전투기 전용으로 개발한 GBU-27/B 페이브웨이Ⅲ. 강력한 관통탄이다. F-117의 무장창에 수납할 수 있도록 소형 날개를 갖추었다. 감지부를 고정식으로 개량했다. (사진 제공 : 미국 공군)

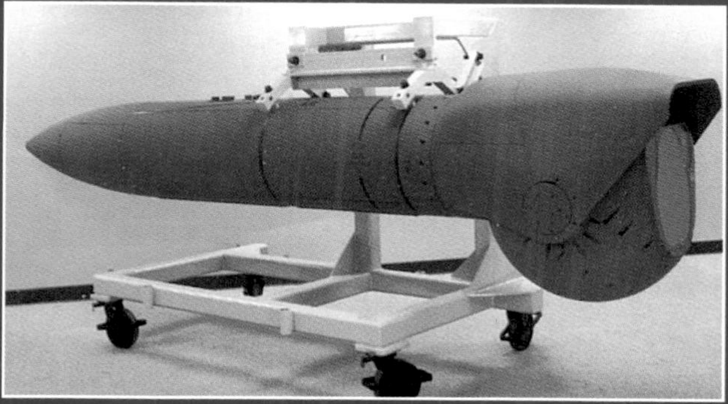

레이저 유도폭탄을 사용하려면 표적을 지시하는 레이저를 주사하는 장치가 필요하다. 사진은 그중 하나인 AN/AVQ-126 페이브 택 포드이다. F-111F에 장착한다. (사진 제공 : 포드 에어로스페이스)

GPS 유도무기의 대두와 그 종류

군용 고정밀도 항법장치로 개발한 GPS는 현재 내비게이션 등 민간에서도 널리 사용한다. GPS는 우주 공간에 쏘아 올린 위성과 교신해서 위치를 파악하는 위치표시 체계이다. 30개 정도의 GPS 위성 중에서 3개의 위성과 신호를 주고받아 높은 정밀도로 자신의 위치를 파악할 수 있다.

GPS가 널리 보급되면서 가격이 낮아지고 정밀도가 높아져서 무기의 유도장치에도 사용할 수 있게 되었다. 그 대표적인 예가 JDAM 폭탄이다. 그 외에도 GPS 유도장치를 이용하는 유도무기를 수없이 많이 개발하였다. 그중에서 중요한 2가지를 소개한다.

첫째, AGM-154 JSOW(joint stand-off weapon: 합동 장사정 무기)는 활공식 폭탄이다. 추진장치를 갖추지 않았지만 대형 펼침식 주날개를 갖추고 장거리를 활공 비행하는 능력을 지녔다. 비행 중에는 GPS로 유도한다. 높은 고도에서 발사하면 75km 이상 날아갈 수 있다. F-16이나 F/A-18 등의 전투기와 B-1 등의 폭격기에서도 운용할 수 있다.

둘째, AGM-158 JASSM(joint air-to-surface stand-off missile: 합동 공대지 미사일)이다. 이것은 JSOW와 달리 소형 터보젯 엔진을 추진장치로 사용한다. 발사후 주날개와 꼬리날개를 펼치고 GPS정보를 토대로 하여 항공기처럼 비행해서 표적으로 향한다. 비행 속도는 마하 0.9 정도이고, 최대 사정거리는 약 370km이다. F-16이나 B-1 등 전투기와 폭격기에서도 운용한다.

GPS를 유도장치로 이용하는 AGM-154 JSOW. 명칭이 미사일처럼 되어 있지만, 추진장치를 갖지 않은 유도폭탄이다. (사진 제공 : 미국 해군)

GPS와 INS 유도장치를 갖춘 AGM-158 JASSM. 이런 유도장치를 통해 표적 근처의 지정된 위치까지 정확히 비행하고, 최종단계에서는 영상 적외선 탐지장치(IIR)로 표적을 파악한다. 중앙 동체 아래에 펼침식 날개가 있다. 사진은 접은 상태이다. (사진 : 아오키 요시토모)

AGM-88 HARM

방공 레이더나 지대공 미사일 유도용 레이더를 격파하려는 목적으로 만든 미사일을 대레이더 미사일(anti-radiation missile, ARM)이라고 부른다. 미군의 최신형이 AGM-88이다. HARM은 고속 대전파원 미사일(high-speed anti-radiation missile)의 머리글자를 딴 것이며 발음은 '함'이다.

HARM은 JDAM, SDB에 이어 F-22의 세 번째 공대지 공격 무기이며, 장착 · 운용 시험을 계속하고 있다. 대레이더 미사일을 사용해서 공격하려면 방공망이 갖춰진 지역으로 들어가야 하기 때문에 위험성이 높은 임무이지만, F-22는 스텔스성을 활용해서 확실하게 임무를 수행할 수 있다.

AGM-88은 발사하면 관성유도장치로 대략적인 방향을 잡고, 레이더가 발신하는 전파를 포착해서 마하 2의 속도로 돌진한다. AGM-88D는 관성유도장치 대신 GPS와 INS를 조합해서 사용한다. 최종 유도단계에서 미사일 자체가 표적을 포착할 수 있는 AGM-88E를 배비했다. AGM-88E는 표적이 중도에 레이더파 송신을 중단하더라도 표적을 향해 계속 돌입할 수 있다. 이 AGM-88E는 발달형 대전파원 미사일(advanced anti-radiation guided missile, AARGM)이라고 부른다. F-22에 어떤 형의 HARM을 운용할지는 미정이지만, 이 AARGM이 될 가능성이 매우 높다.

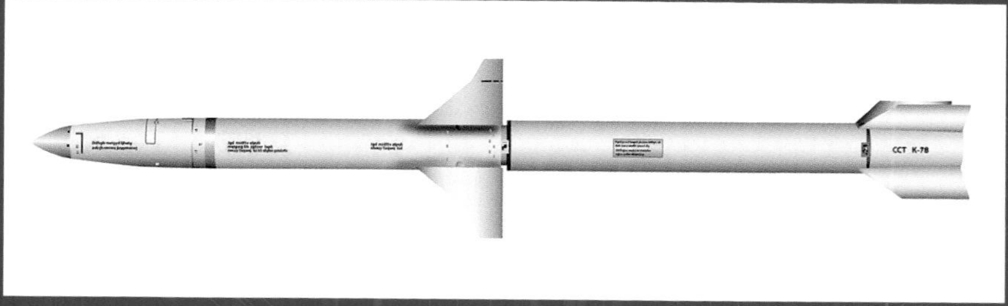

마하 2가 넘는 고속비행 능력을 지닌 AGM-88 HARM. 앞으로 F-22의 주요 무장이 될 예정이다.
(사진 제공 : 미국 공군)

AGM-88의 최신형인 AGM-88E AARGM. (사진 : 아오키 요시토모)

[AGM-88A의 주요 제원] 전장: 4.17m, 동체 지름: 25.4cm, 날개 폭: 1.13m, 발사 중량: 366kg, 탄두 중량: 65.8kg, 최대 사정거리: 48km 이상.

대레이더 미사일의 역사

미국은 1963년부터 적의 레이더를 공격하는 대레이더 미사일을 본격적으로 개발하기 시작했다. 스패로우 공대공 미사일 앞부분에 지상의 레이더파를 감지하는 장치를 부착하고, 감지한 전파의 발신원을 향하도록 한 것이 시초였다. 이것이 AGM−45 슈라이크 미사일이며, 1965년에 베트남 전쟁에서 처음으로 사용하였다. 슈라이크는 표적 쪽으로 방향을 잡아 발사하면 비행 중에 전파를 포착하여 그 발신원을 향하는 단순한 구조였다. 전파를 포착하지 못하거나 도중에 전파가 끊어지면 표적을 잃어버리고 말았다.

베트남 전쟁이 격화되어 대레이더 미사일을 더욱 자주 사용하게 되었다. 격추당하는 전투기의 수가 늘어나자 스탠더드 함대공 미사일을 활용한 AGM−78 스탠더드를 새로 개발하였다. 기본적으로 AGM−45와 유도방식이 동일하지만, 표적을 파악하는 범위를 확대하였다. 또한, 장사정 미사일을 토대로 했기 때문에 사정거리도 AGM−45보다 늘어나면서 운용하는 전투기가 파격될 확률도 줄어들었다. 다만, AGM−45, AGM−78은 모두 비행 속도가 비교적 느렸기 때문에 공격받는 측이 발사를 감지하면 레이더의 송신을 정지해서 추적을 피하는 전법을 취할 수 있었다.

미국은 그 외에도 사이드와인더 공대공 미사일을 활용한 AGM−122 사이드암을 공격기나 헬리콥터에 장착해서 운용하기도 했다. 그러나 사이드암은 소형이어서 위력이 약했기 때문에 널리 운용하지 않았다.

베트남 전쟁 중에 대레이더 미사일로 적 방공 시스템 제압 임무를 수행한 F-105G. 오른쪽 주날개 아래에 AGM-45 슈라이크, 왼쪽 주날개 아래에 AGM-78 스탠더드를 장착했다. (사진 제공 : 미국 공군)

각종 공대지 공격 무기를 장착한 보잉 F-4G 와일드 위즐. 왼쪽 주날개 바깥쪽에 AGM-45 슈라이크, 오른쪽 주날개 안쪽에 AGM-78 스탠더드를 장착하고 있다. 이런 미사일은 HARM을 실용화하면서 퇴역했다. (사진 제공 : 미국 공군)

M61 20mm 벌컨

F-22는 처음부터 M61A2 20mm 벌컨을 1문 내장했다. 이 장비는 미군의 전투기용 표준 기관포로서, 수많은 전투용 항공기에서 사용한다. F-22는 주날개 부착부 근처에 기관포를 설치해야 했기 때문에 포신이 긴 A2형을 채용했다.

벌컨은 구경 20mm의 포신 6개를 원형으로 모아서, 반시계 방향으로 빠르게 회전케 하여 장전하고 발사하는 기관포이다. 만약 포신이 하나라면 장전하고 발사한 후 탄피를 배출하고 다시 장전하는 순서를 거치느라 사격속도를 빠르게 할 수 없다. 6개의 포신을 회전케 하면 그 모든 과정을 연속해서 진행할 수 있기 때문에 빠르게 할 수 있다. 그래서 벌컨은 분당 4,000~6,000발, 분당 최대 7,200발을 발사할 수 있다. F-22는 480발의 20mm 기관포 탄약을 장착하므로 최대 사격률로 발사하면 약 4초 만에 모든 탄약을 소비하게 된다. 따라서 조종사는 기관포의 방아쇠를 당기는 시간을 짧게 해서 탄약을 아끼고, 여러 번에 걸쳐 사격할 수 있도록 해야 한다.

이전의 전투기는 벌컨 포구의 앞쪽을 항상 열어두지만, F-22의 포구는 덮개로 덮어두었다가 사격할 때에만 덮개를 연다. 이는 개구부에서 레이더파가 반사되는 것을 피하기 위한 조치이다.

F-22는 포신이 긴 M61A2 1문을 주날개의 오른쪽 동체 내부에 장착한다. 포구는 사격할 때에만 열림으로써 전파 반사 면적을 줄인다. 사진은 포구 덮개가 열려 있다.

M61A2의 구성

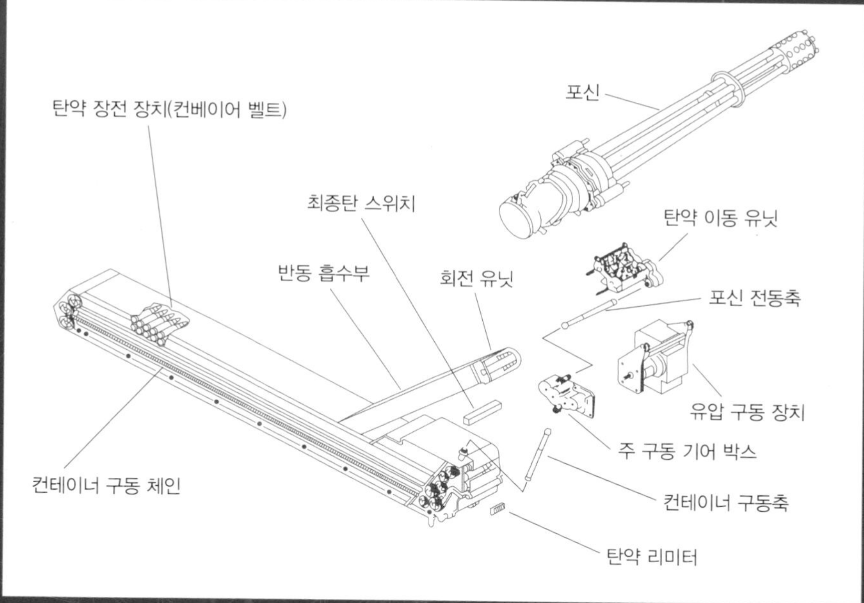

기관포의 필요성

공대공 미사일이 급속하게 발전하던 1960년대 전반에는, 앞으로 공중전이 공대공 미사일만으로 이루어질 것으로 생각하고, 전투기에 기관총이나 기관포가 필요 없다는 생각이 만연했다. 실제로 미국 해군용으로 개발한 F-4 팬텀 Ⅱ는 기관포를 장착하지 않았다. 그러나 베트남 전쟁에서 근접 공중전이 벌어지는 경우가 많아 기관포의 필요성이 재인식되었고, 그 후로는 기관포가 부활되었다. 대부분의 전투기가 20mm 벌컨 1문을 장착한다.

기관포의 중요성에 대한 이러한 인식은 F-22에도 계승되었다. F-22의 공중전 전술은 사정거리가 긴 공대공 미사일로 적과 교전하는 것이기는 하지만, 때로는 근접한 적과 싸워야 할 때도 있다.

F-22는 단사정 AIM-9 사이드와인더 공대공 미사일로 근접 공중전을 벌일 수 있다. 하지만 표적과의 거리가 너무 가까우면 발사한 미사일이 표적에 명중한 후 파편에 의해 자신도 손상을 입을 가능성도 있다. 기관포로 공격하면 적 전투기에 피해를 입히면서도 그로 인해 비산되는 파편은 매우 적으므로 자신의 안전을 확보할 수 있다. 전투기와 미사일의 능력이 아무리 높아지더라도 전투기의 무장에서 기관포를 제외해서는 안 된다는 것이 기본적인 전투상황인식이다.

F-4 팬텀 II 를 개발할 당시에는 모든 전투가 공대공 미사일로 수행될 것으로 생각하고, 전투기에 기관포를 장착할 필요가 없다고 생각했었다. 초기의 F-4는 기관포를 장착하지 않았다. 그러나 베트남 전쟁을 통해 기관포가 꼭 필요하다는 사실을 재인식하고, 결국 동체 아래에 기관포 포드를 장착하게 되었다(후기의 E형과 F형은 기수 부분 아래쪽에 벌컨을 내장하기로 했다). (사진 제공 : 미국 공군)

보조연료탱크

F-22는 무기를 동체 내부의 무장창에 장착하고, 외부에는 아무것도 장착하지 않는 것이 보통이다. 하지만 주날개에는 좌우에 4군데의 스테이션이 있다. 이 스테이션에는 연료 배관이 있어서 보조연료탱크를 장착할 수 있다. 보조연료탱크는 장거리 이동이나 장거리 전투행동을 할 때처럼 스텔스성이 중요하지 않은 경우에 사용한다. 또한 보조연료탱크의 연료를 다 사용하면 공중에서 그대로 떨어뜨려 버릴 수 있다.

보조연료탱크 1개는 600갤런(2,271리터)의 연료를 담을 수 있다. F-22는 모든 스테이션에 1개씩 모두 4개를 운용할 수 있다. F-22의 기내 연료량은 공개하지 않고 있지만, 약 7,500리터일 것으로 추정된다. 보조연료탱크를 4개 운용할 경우 총 연료량은 내부 연료량의 2.2배가 된다.

덧붙여, F-22는 조종석 후방에 있는 공중수유구로 공중에서 연료를 받아서 비행거리를 더욱 늘릴 수 있다. 공중급유는 미국 공군의 표준 플라잉 붐(flying boom)방식을 적용한다. 플라잉 붐은 KC-135나 KC-10 같은 급유기의 동체 뒷부분 아래에서 기다란 붐을 내려 전투기의 수유구에 꽂아 급유하는 방식을 말한다.

기도를 숨길 필요가 없고, 장거리로 출격할 경우에는 안쪽 스테이션에만 보조연료탱크를 각 1개씩 장착한다. 그리고 바깥쪽 스테이션에는 2연식 발사대를 달아 AIM-120 AMRAAM을 4발 장착하는 것이 표준 무장 형태이다.

2007년 2월에 일본 오키나와 현 가데나 기지에 배치된 제1전투비행단의 F-22A. 미국 본토에서 하와이를 경유하면서 도중에 공중급유를 받았다. 좌우 주날개 아래에 보조연료탱크를 하나씩 장착했다.

(사진 : 아오키 요시토모)

F-22A는 장거리 이동을 하는 경우 보조연료탱크를 장착할 수 있지만, 공중급유를 받아서 항속거리를 늘릴 수도 있다. 사진의 공중급유기는 보잉 KC-10A 익스텐더이다. (사진 제공 : 미국 공군)

column

AMRAAM의 공수 방식

F-22는 장거리 이동을 할 때 보조연료탱크를 최대 4개까지 운용할 수 있는데, 이때 AIM-120 AMRAAM도 함께 공수할 수 있다. 보조연료탱크를 매다는 파이런에 AMRAAM을 고정할 수 있기 때문이다. AMRAAM은 보조연료탱크 윗부분 파이런 좌우에 장착한다. 이때 AMRAAM의 본체 중앙에 있는 4개의 핀(fin) 가운데 보조연료탱크 혹은 주날개와 접촉하는 3개는 떼어내서 무장창에 넣는다. 핀을 떼어낸 데다 발사용 전기 배선도 되어 있지 않기 때문에 당연히 AMRAAM을 발사할 수는 없다.

F-22는 동체 내 무장창에 AMRAAM을 최대 6발까지 수용할 수 있다. 이 능력은 장거리를 이동할 때에도 변함없다. 따라서 F-22는 최대 14발의 AMRAAM을 운송 운반할 수 있다.

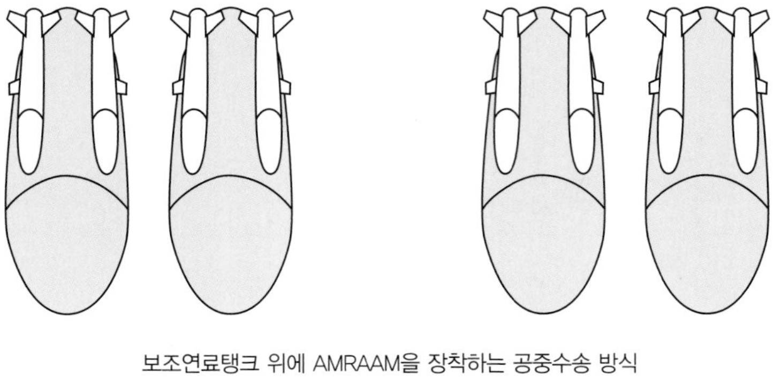

보조연료탱크 위에 AMRAAM을 장착하는 공중수송 방식

제4장 F-22가 탄생하기까지

수많은 최신 기술을 응용하여 세계 최강의 전투력을 갖게 된 F-22는 어떻게 개발되었을까? F-22 개발의 시초가 된 1973년의 ATF 계획까지 거슬러 올라가서, YF-22와 YF-23의 치열한 경쟁이 어떻게 현재의 F-22로 이어졌는지 설명한다.

ATF 계획의 탄생

F-22는 미국 공군의 발달형 전술 전투기(advanced tactical fighter, ATF) 계획을 토대로 개발한 전투기이다. 미국 공군은 1973년 1월에 ATF에 대한 연구를 시작했다. 당시에는 발달형 전술 전투기를 중고도에서 활동하는 고아음속 전투기로 정의했다. 그러나 1970년대에 여러 차례 재검토하고, 1984년 말에 기본 사양을 정리했다. 전투행동반경은 800마일(1,280km), 초음속 순항 능력은 마하 1.4~1.5, 총 중량은 약 50,000lb(22,680kg)로 정했고 진보된 비행 조종 장치, 전자기기, 스텔스성, 신세대 엔진을 갖추기로 결정했다.

한때는 이 프로그램으로 미국 공군과 해군이 운용하는 F-14, F-15, F-16, F/A-18 등 모든 기종을 대치하겠다는 아이디어도 나왔다. 그러나 공군과 해군 전투기를 통일하기는 매우 어려울 뿐만 아니라, 공군 내에서도 ATF 한 기종만 사용하는 데 이의가 있어서 현실화하지는 못했다.

미국 공군은 1985년 9월에 7개의 항공기 제작사에 위의 조건을 충족하는 전투기 안을 제출해달라고 요구했고, 1986년 1월에 그중 5군데의 제작사인 보잉, 제너럴 다이내믹스, 록히드, 맥도넬 더글러스, 노스롭이 안을 제출했다. 그리고 1986년 5월에 시제기 평가 작업을 시작해서 1986년 10월 31일에 록히드와 노스롭의 안을 선정하여 비교 평가에 들어가게 되었다.

미국 공군이 ATF 계획 연구를 시작하자 여러 제작사가 장래 전투기의 상상도를 공표했다. 사진은 록히드 마틴의 초기의 상상도이다. 카나드(canard)와 커다란 델타형 날개를 조합한 형상이다. 그러나 록히드 마틴은 이후에 다른 형상을 연구하기 시작했다. (사진 제공 : 록히드 마틴)

미국 공군과 미국항공우주국(NASA)은 새로운 전투기에 적용할 여러 가지 기술을 평가 실험했다. 사진은 NASA가 F-15 이글을 이용해서 만든 선진 조종 기술 통합 시험기(ACTIVE) 카나드 추력 변향식 배기구를 갖췄다. (사진 제공 : NASA)

F-22의 전신, F-15 이글

ATF의 개념은 여러 차례의 숙의를 거쳐 **F-15를 승계할 제공전투기**로 정의하였다. 나중에 정밀유도무기에 의한 공대지 공격 능력을 갖춰야 한다는 조건을 부가하였다.

이 F-15는 1969년 12월에 미국 공군의 새로운 전투기로 채택되었다. 1인승 장거리 요격 전투기로서 고속 성능과 뛰어난 가속 성능을 갖췄다. 그리고 베트남 전쟁에서의 교훈을 살려 근접전투에서 높은 능력을 발휘하도록 했다. F-15는 강력한 엔진 2대를 구비한 대형 전투기이고, 최대 속도는 마하 2.5이며, 공대공 미사일은 8발 장착한다.

1호는 1972년 7월 27일에 초도비행을 했고, 12대의 선행 양산형으로 비행시험을 계속한 후, 1974년 11월 14일부터 미국 공군의 작전부대에 배비하기 시작했다. 최초로 만든 것은 1인승 F-15A와 2인승 F-15B이며, 1979년 5월부터는 발전형 F-15C(1인승)와 F-15D(2인승)로 바꿔 생산했다. F-15C/D의 형상은 F-15A/B와 동일하지만, 전자기기를 신형으로 교체하고 연료 탑재량을 증가하는 등 크게 개량하였다. 또한, 취역 기간 중에도 꾸준히 업그레이드하였다.

일본은 1977년 12월 28일 F-15를 새로운 전투기로 채택했다. F-15C/D를 토대로 일본의 상황에 맞게 사양을 변경한 기종을 F-15J/DJ라고 부른다. 미국 공군은 F-15A/B/C/D를 894대 일본 항공자위대는 F-15J/DJ를 213대 도입했다.

최종적으로 ATF를 F-15 이글의 후속 전투기로 정했다. F-15는 전투기로서는 비교적 대형이지만, 매우 높은 운동성과 강력한 레이더를 겸비했다. 미국 공군 외에 한국, 이스라엘, 일본 등이 여전히 주력 전투기로 운용하고 있다. 사진은 미국 공군의 F-15C이다. (사진: 아오키 요시토모)

일본 항공자위대의 F-15 이글. 사진은 후쿠오카 현 쓰이키 기지의 일본 제8항공단 제304비행대 소속의 F-15J이다. (사진 제공 : 일본 항공자위대)

비행 비교 평가

앞에서 설명했듯이 1986년 5월에 미국 공군은 ATF 계획에서 각 사의 제안 중 뛰어난 두 제안을 선정하고 비행 비교 평가를 거쳐 최종 승자를 결정하기로 했다. 이는 단순한 서류 평가에 그치지 않고, 실제로 시제기로 비행하여 그 능력을 확인함으로써, 좀 더 확실하게 뛰어난 항공기를 선정하는 것이 목적이었다. 이 작업을 실증/확인(demonstration/validation, Dem/Val)이라고 불렀고, 두 제작사의 시제기를 Dem/Val라고 불렀다.

또한, 미국 공군은 이 Dem/Val 작업을 할 때 제작사들이 팀을 이루는 것도 허용했다. 그 결과 보잉, 제너럴 다이내믹스, 록히드가 하나의 팀을 이루었고, 맥도넬 더글러스와 노스롭이 또 하나의 팀을 이루었다. 모든 제작사가 각각의 안을 제안했지만, 팀을 이루고 나서는 협력해서 작업했다. 만일 자사의 안이 낙선되더라도 개발과 제작 작업에 참여할 수 있고, 계획에서 완전히 배제되는 위험 부담도 회피할 수 있게 되었다.

최종적으로는 록히드 팀과 노스롭 팀을 Dem/Val 작업자로 선정하였다. 록히드의 안에는 YF-22, 노스롭의 안에는 YF-23이라는 명칭을 붙였다. 또한 제너럴 일렉트릭과 프랫 & 휘트니가 제안한 엔진을 Dem/Val에 장착해서, 엔진도 병행해서 평가했다.

미국 공군은 ATF를 결정할 때 두 제작사와 시제기 제작 계약을 맺고 실제로 비행 비교 평가해서 우열을 판단하는 방식을 채택했다. 이에 따라 록히드가 YF-22(사진의 앞쪽)를, 노스롭이 YF-23(사진의 뒤쪽)을 각각 2대씩 제작했다. (사진 제공 : 미국 공군)

[비행 비교 평가]

미국 공군은 항공기를 선정할 때 서류만으로 평가하는 방식과, 2개의 제작사에 비행 시험기를 제작하도록 해서 비행 비교 평가를 하는 방식 등 2종류의 방식을 적용한다. 이런 비행 평가방법으로 선정한 예는 록히드 F-16 파이팅 팰컨(비교 상대는 노스롭 YF-17), 페어차일드 A-10 선더볼트 II(비교 상대는 노스롭 YA-9)가 있다. 비행 비교 평가는 경비가 많이 들지만, 각 항공기의 장단점을 더욱 정확하게 파악할 수 있다는 이점이 있다.

Dem/Val YF-22

YF-23은 1990년 6월 22일 최초로 공개했었다. 록히드가 Dem/Val YF-22를 완성해서 공개한 때는 라이벌 YF-23이 초도비행을 한 이틀 후인 1990년 8월 29일이었다. YF-22, YF-23은 1986년 10월 31일에 선정된 이후 상상도조차 공개하지 않았었다. YF-23은 어떤 형상이었을지는 알 수 없고, YF-22는 그대로 F-22로 이어졌다.

YF-22, YF-23은 2대씩 제작했고, 엔진도 두 제작사가 경쟁했기 때문에 1대씩 다른 엔진을 장착했다. YF-22는 1호가 제너럴 일렉트릭 YF120을, 2호가 프랫 & 휘트니 YF119를 장착했다. YF-23은 1호가 YF119를, 2호가 YF120을 장착했다. YF-22는 어떤 엔진을 장착하든 배기구가 2차원 추력 변향식이고 YF-23은 배기구가 뒷부분 동체 윗면에 있었기 때문에 고정식이었다.

YF-22는 1호가 9월 29일에, 2호가 10월 30일에 최초로 비행했다. YF-23 2호는 10월 26일에 처음으로 비행했다. 이 Dem/Val의 주안점은 스텔스성과 운동성을 확인하는 것이었기 때문에 무장은 운용하지 않았다. 따라서 YF-23은 무장을 전혀 장착하지 않았다. 그러나 록히드는 독자적으로 2호로 AIM-9M과 AIM-120을 발사해서 무기 발사 능력까지 실증했다.

ATF에서는 우선 두 제작사가 원형기를 만들어서 비행 비교 평가를 받았다. 록히드 마틴은 YF-22를 만들었다. 1호(사진의 뒤쪽)는 제너럴 일렉트릭의 YF120 엔진을 장착했고, 2호(사진의 앞쪽)는 프랫 & 휘트니의 YF119 엔진을 장착했다.
(사진 제공 : 미국 공군)

[YF-22A의 제원]

전폭: 13.11m, 전장: 19.56m, 전고: 5.41m, 주날개 면적: 78.0m^2, 수직안정판 면적(합계): 20.3m^2, 수평안정판 면적(합계): 12.4m^2, 기본 중량: 14,062kg, 최대 이륙 중량: 26,309kg, 내부 최대 연료 중량: 9,979kg, 최대 속도: 마하 2.0(고도 9,144m), 최대 초음속 순항 속도: 마하 1.58(고도 9,144m), 실용 상승 한도: 15,240m 이상, 이착륙 활주로 길이: 1,067m, 무급유 전투행동반경: 1,389~1,482km, 하중 제한: +7.9G, 속도: 마하 1.8에서의 최대 유지 하중 +6G, 조종사: 1명.

YF-22의 비행 실적과 승리

YF-22는 2호가 1990년 12월 27일에, 1호가 그 다음 날인 28일에 Dem/Val 단계에서 최종비행을 했다. 이로써 Dem/Val의 비행 비교 작업이 종료되었다(YF-23의 마지막 비행은 12월 18일이었다). 이 작업에서 YF-22의 1호는 43회 52.8시간을 비행했고, 2호는 31회 38.8시간을 비행했다. YF-23은 2대 모두 50회 65시간을 비행했다.

YF-22는 11월 13일에 처음으로 초음속 순항을 해서, 최대 속도 마하 1.58을 기록했다. 2호도 12월 27일의 마지막 비행에서 초음속으로 순항해서 마하 1.43을 기록했다. 또한, 1호는 11월 15일에 배기구 추력 변향장치를 사용해서 받음각이 매우 큰 상태로 비행하였다. 그사이에 1호에는 속도가 줄어들거나 스핀에 빠졌을 때 자세를 회복하기 위한 낙하산을 동체 뒷부분 윗면에 장착하였다. 그리고 1호는 마지막 비행에서 Dem/Val 작업 중에서의 최대 속도(마하 2 이상)와 최대 하중(+7G)을 기록했다.

미국 공군은 비행 작업을 끝내고 약 4개월 뒤인 1991년 4월 23일에 비교 평가 결과를 발표하고 YF-22의 승리를 선언했다. 상세한 이유는 공개하지 않았지만, YF-22가 종합적으로 높이 평가되었기 때문으로 추정된다. 덧붙여, 스텔스성만 따지면 YF-23이 높았다고 한다. 그리고 엔진은 프랫 & 휘트니가 지명되었다. 이에 따라 F-22와 F119의 조합을 다음 단계인 기술 및 제작 개발(engineering and manufacturing development, EMD) 단계로 가져가기로 결정했다.

F-22는 당초 계획으로는 750대를 조달할 예정이었지만, 현재는 그 1/4에도 미치지 못하는 187대만 조달하기로 했다. 미국 공군은 작전 능력을 유지하려면 최소 260대가 필요하다고 주장했다.
(사진 제공 : 미국 공군)

F-22의 가격

F-22를 채택했을 때 높은 스텔스성이나 고성능과 함께 화제가 된 것이 높은 가격이다. F-22에는 최신 기술이 집약되어 있기 때문에 가격도 당연히 비쌀 수밖에 없다. 전임 전투기 F-15의 2배 이상이나 되는 높은 가격은 F-22의 조달 수량을 줄이게 하는 하나의 이유가 되었고, 조달 수량이 줄어든 만큼 단가가 더욱 오르게 되는 악순환도 생겨났다.

군용기의 가격은 해마다 달라진다. 이는 제작 기간이 길어질수록 양산 효과가 발생해 제작 경비가 낮아지는 반면, 같은 기종이라도 어느 해에 대폭적으로 개량하게 되면 그 이전보다 가격이 높아지는 경우도 있으므로 일괄적으로 어느 해가 싸다고 말할 수 없다. 그러나 F-22는 지금까지 가격이 내려가기만 했을 뿐, 높아진 경우는 없다.

지금까지 발표된 회계연도당 평균가격은 2001 회계연도가 약 1억 8,000만 달러, 2002 회계연도가 약 1억 6,500만 달러, 2003 회계연도가 약 1억 4,000만 달러, 2004 회계연도가 약 1억 3,000만 달러였다. 하지만 이후로는 더 내려가지 않을 것으로 보인다. 가격을 내리기 위해 조달 수량을 늘리거나 수출도 고려했지만, 생산 중단이 결정되면서 더 이상 논의할 수 없게 되었다.

F-22의 가장 큰 문제점은 매우 비싼 가격이다. 양산을 시작했을 때에 비하면 현재의 가격은 30% 정도 싸지만, 그래도 F-15에 비해서는 2배 이상 비싸다. (사진 제공 : 미국 공군)

소멸한 F/A-22

F-22를 개발하는 동안 정밀유도무기를 사용한 공대지 공격 능력을 부가하기로 결정하였다. F-22만으로 공중과 지상의 위협을 한꺼번에 제거할 수 있도록 해서 본격적인 공중지배 능력을 갖추도록 하기 위해서이다. 다만, F-22의 스텔스성을 유지하기 위해서는 무장을 기내 무장창에 수납해야 했고, 하늘을 제패하기 위한 공대공 전투용 무기도 함께 운용해야 했다. 그 결과 GPS/INS 유도 GUB-32 JDAM 유도폭탄을 F-22의 공격 무기로 선정했다.

F-22는 공중 전투임무와 대지 공격임무를 모두 수행할 수 있게 되었으며, 항공기의 명칭도 바뀌게 되었다. 미군에서는 전투기에 'F'를, 공격기에 'A'를 임무 기호로 사용한다. 그리고 미국 해군의 본격적인 전투공격기 호넷은 처음으로 두 임무 기호를 동시에 붙인 F/A-18이라는 명칭을 사용했다. 이에 따라 F-22도 2002년 9월에 F/A-22로 명명했다. 그러나 2005년 12월 F/A-22를 작전태세로 투입할 수 있게 되었을 때 명칭을 F-22로 되돌렸다. 그 이유는 발표하지 않았지만, 미국 해군이 사용하기 시작한 F/A라는 임무 기호를 공군이 그대로 따라 사용하는 데 강한 저항과 반발이 있었기 때문이라고 알려졌다.

미국뿐 아니라 세계의 여러 나라들은 같은 국가 안에서도 다른 군에 대해 강한 라이벌 의식과 자존심을 갖고 있다. 미국 공군이 F/A를 거부한 일도 그런 배경 때문인지도 모른다.

F-22는 개발 도중에 정밀유도폭탄에 의한 공대지 공격 능력을 부가하기로 결정하고 한때 명칭을 F/A-22로 변경했었다. 그러나 최초의 실전 부대 제1전투비행단 제27전투비행대대가 작전 태세에 들어갈 무렵 F-22라는 명칭으로 되돌렸다. (사진 제공 : 미국 공군)

보잉 F/A-18 호넷은 미군에서 처음으로 전투공격기를 의미하는 'F/A'라는 기호를 사용했다. 랩터는 이 기호를 사용하지 않았다. (사진 제공 : 미국 해군)

column

라이벌 노스롭 YF-23

YF-23은 YF-22와 경쟁했다. YF-22는 보통의 전투기 형상을 대체적으로 계승한 데 비해, YF-23은 매우 참신한 형상을 띠었다. 주날개에서 앞쪽 가장자리의 후퇴각과 뒤쪽 가장자리의 전진각이 동일한, 거의 마름모꼴이었다. 이 마름모꼴 주날개는 1980년부터 노스롭이 연구하기 시작한 형태혔다. 꼬리날개는 수직안정판과 수평안정판을 조합하지 않고, 2개의 대형 안정판을 크게 눕혀 부착했다. 안정판 전체를 움직임으로써 방향타와 승강타의 역할을 겸하게 했다. 조종계통은 4중 디지털식 플라이 바이 와이어였다.

형상을 이렇게 만든 이유는 높은 스텔스성을 갖추기 위해서였다. 실제로 스텔스 성능은 YF-22보다 높았다고 알려져 있다. YF-23은 엔진 배기구를 뒷부분 동체 윗면에 배치해서 지상에서의 열 탐지를 차단하려 했다. 하지만 그러기 위해서 추력 변향식 배기구를 사용하지 못했고, 그 결과 YF-22를 능가하는 운동성을 발휘하지 못했다.

YF-23의 주요 제원은 전폭 13.28m, 전장 20.55m, 전고 4.24m, 주날개 면적 83.6m^2, 최대 이륙 중량 28,132kg이었다.

YF-22와 비교 평가를 받은 YF-23. 형상이 YF-22에 비해 매우 참신하다. (사진 제공 : 노스롭 그루먼)

제5장 F-22의 제작과 운용

현재 F-22는 미국 공군만이 운용한다. 제1전투비행단, 제49전투비행단, 제53비행단, 태평양 공군, 제412시험비행단 등에서 운용하고 있다. 이 장에서는 F-22를 운용하는 부대에 관해 설명한다. 그리고 F-22 제작과정을 소개한다.

F-22의 배비

1997년 9월 7일, 첫 양산형인 기술 및 제작 개발용 F-22가 초도비행을 했다. 당초 계획으로는 EMD 11대 중에서 2대를 2인승 F-22B로 만들 예정이었다. 그러나 그 후에 경비 삭감 등으로 2인승을 만들지 않기로 했기 때문에 1인승 F-22A 9대만 제작하기로 하였다. 9호는 2002년 4월 15일에 초도비행했다.

EMD는 각종 기술시험과 실용시험에 사용하기 위한 것으로, 모든 EMD를 캘리포니아 주에 있는 에드워드 기지의 시험 부대로 인도하였다. 1호는 일단 분해하여 에드워드 기지까지 지상으로 수송, 현지에서 재조립하여 1998년 5월 20일부터 비행을 시작했다.

EMD에 이어 만든 양산형 준비 시험기 6대는 부대배치를 위한 시험용으로 초기운용시험평가(initial operation test and evaluation, IOT & E)에 사용하였다. 이 작업은 네바다 주의 넬리스 기지를 중심으로 실시하였다. 그리고 PRTV의 1호는 2002년 10월 12일에 초도비행했고, 10월 23일에 미국 공군에 인도하였다.

본격적인 양산형은 2003년 9월 23일부터 우선 플로리다 주의 틴들 기지의 훈련부대에 인도하였다. 훈련부대에서 1개 비행대대를 평성하여 작전부대로 인도하였다. 지금까지 버지니아 주 랭글리, 알래스카 주 엘먼도프, 뉴멕시코 주 홀로먼에 F-22 부대를 편성하여 배비하였다.

에드워드 기지의 제412시험비행단에 F-22A를 처음으로 배치했다. 사진은 기술 및 제작 개발 1호이며, 수직안정판에 쓰여 있는 'ED'라는 문자가 에드워드 기지 소속임을 나타낸다. (사진 제공: 록히드 마틴)

F-22는 수많은 신기술 시험을 실시했다. 사진은 2008년 9월에 신연료를 공중급유하는 장면이다. 이 신연료는 천연가스에서 정제한 합성제트연료이다. F-22는 이런 새로운 연료로도 문제없이 비행할 수 있음을 증명했다. (사진 제공 : 미국 공군)

공군전투사령부

미국 공군 가운데 항공기를 사용해서 전투작전을 수행하는 조직이 공군전투사령부(air combat command)이다. 예전에는 전략공군사령부와 전술공군사령부로 나뉘어 있었지만, 냉전이 종식되자 공군 조직을 축소하고 전략과 전술을 구별할 수 없는 항공작전이 늘어나면서, 1992년 6월에 작전 조직을 재편했다. 공군전투사령부에는 폭격기 · 전투기 · 공격기 등 실제로 전투작전을 수행하는 항공기 부대는 물론, 정보수집기 · 정찰기 · 공중경보통제기(AWACS) 등 항공작전을 지원하는 항공기 부대도 지휘한다.

조직 면에서는 4개의 공군(그중 하나는 하부조직이 없고 사령부 기능만 있다)과 공중전 센터로 구성되며, 실제 전투작전을 수행하는 단위는 비행단 휘하에 있는 부대이다. 각 사령부는 기본적으로 각 기지마다 비행단을 두고, 비행단은 보통 2~4개의 비행대대로 구성되는데, 조금 더 많은 비행대대를 거느리는 비행단도 있다. 또한, 대부분의 비행단은 동일한 기종으로 편성하지만, 일부 예외도 있다. 공중전센터는 운용 중인 각종 항공기를 개량 · 발전케 하기 위한 연구를 하는 부대와, 실제 전투에서 필요한 전술을 개발하는 부대로 구성한다. 또한 훈련할 때 '가상의 적' 역할을 담당하는 비행대대도 이 사령부 휘하에 둔다.

공군전투사령부가 운용하는 항공기는 약 600대인데, 유사시에는 주(州) 항공대나 공군예비역사령부 휘하의 항공기도 전투사령부의 항공기와 함께 활동한다. 그 결과 미국 공군의 작전항공기 전력은 1,750대 이상에 달하며, 세계 최대의 공군 전력이 되었다.

미국 공군의 전투작전행동을 임무로 삼는 조직이 공군전투사령부이며 각종 전투기, 공격기, 폭격기 등을 갖추었다. 사진은 가운데 앞쪽이 F-22A, 두 번째 줄 오른쪽이 F-15C, 왼쪽이 F-15E, 가장 뒤쪽이 A-10A이다.
(사진 제공 : 미국 공군)

공군전투사령부에는 폭격기 부대도 편성되어 있다. 사진은 폭격기로 가장 많이 배치되어 있는, 가변 후퇴익 보잉 B-1B 랜서이다.
(사진 제공 : 미국 공군)

제1전투비행단

작전부대 중에서는 처음으로 F-22A를 배치한 곳이 버지니아 주 랭글리 유스티스 기지의 공군전투사령부 예하 제1전투비행단이다. 제1전투비행단은 1918년 5월에 편성된 미국 육군의 제1작전비행전대를 모태로 한다. 그 부대 번호에서도 알 수 있듯이 미국 공군에서 가장 역사가 오래된 제1선의 공중전투부대이며, 늘 최신예 전투기가 가장 먼저 배치되는 곳이다. F-22도 예외는 아니었다.

제1전투비행단에 F-22를 배치하기 시작한 때는 2005년 4월이다. 제1전투비행단 산하에는 F-15C/D 3개 전투비행대대가 있었는데, 일단 그중에서 제27전투비행대대를 F-22A로 기종을 전환했고, F-22의 정수(定數)를 채우기 전인 2005년 12월 15일에 초기 작전능력(IOC)을 인정받았다. 2006년 1월 중순에 제27전투비행대대를 완편한 후, 이어서 제94전투비행대대를 F-22로 기종 전환을 시작했고, 2007년 1월에 완편하였다. 이로써 제1전투비행단의 F-22A 배치 계획이 완료되었다. 그 결과 제1전투비행단은 F-22A를 장비한 제27전투비행대대와 제94전투비행대대 및, F-15C/D를 갖춘 제71전투비행대대로 편성되었다. 제1전투비행단의 F-22A 비행대대는 2007년 12월 12일에 완전한 작전능력을 인정받았다.

또한, 제1전투비행단 제27전투비행대대는 2007년 2월에 처음으로 F-22A를 해외로 파견해서, 일본 오키나와 현 가데나 기지로 12대를 이동했다. 제27전투비행대대는 5월 10일까지 약 3개월간 가데나 기지에 머물며 약 600회의 임무 비행을 했고, 일본 항공자위대의 전투기와 공동 훈련도 실시했다.

공군전투사령부 예하의 실전 부대로는 처음으로 F-22를 배치한 곳이 'FF'라는 수직안정판 코드를 지닌 랭글리 기지의 제1전투비행단이었다. 휘하의 2개 비행대대가 F-22A로 편성되었다.

(사진 제공 : 록히드 마틴)

제1전투비행단은 산하의 2개 비행대대가 F-22로 기종을 전환했지만, 제71전투비행대대는 최근까지도 보잉 F-15C/D 이글을 운용했었다. 현재 이 부대는 해체되었다. (사진 : 아오키 요시토모)

제49전투비행단

뉴멕시코 주 홀로먼 기지의 제49전투비행단은 2008년 8월 6일부터 F-22A를 운용하기 시작한 부대이다. 또한, 공군전투사령부 예하에서는 두 번째로 F-22A를 운용하는 전투비행단이 되었다. 제49전투비행단의 모태는 제2차 세계대전 중에 창설한 미국 육군 항공군의 제49추격비행전대인데, 1958년에 폭격기로 개장하면서 일시적으로 폐지되었지만 1965년에 전투기 부대로서 재편성되었고, 이후 오늘날까지 미국 공군의 주력 전투기를 꾸준히 갖추어왔다. 특히 1992년에는 스텔스 전투기 F-117A를 운용하는 부대로 지정되었다. 이후 2008년 4월 22일 F-117A가 퇴역할 때까지 이 특수한 항공기를 운용하는 유일한 전투부대였다. 그런 의미에서 제49전투비행단이 신세대 스텔스 전투기인 F-22를 할당 받은 것은 당연한 일이라고 할 수 있다.

당시의 제49전투비행단은 F-117A 조종사를 양성하는 훈련부대인 제7전투승무훈련비행대대와, 작전부대인 제8전투비행대대 및 제9전투비행대대로 구성되었다. 제7전투승무원훈련비행대대는 부대명칭을 제7전투비행대대로 변경하고 F-22A를 인수하였다. 이어서 제8전투비행대대에도 F-22A를 배치하기 시작했지만 2010년 7월 29일에 F-22 배치계획을 재검토하면서 제49전투비행단에는 배치하지 않고 다른 부대에 배분하기로 하였다. 앞으로 제49전투비행단은 MQ-1B와 MQ-9A 등 무인기만을 운용하는 부대가 된다.

F-22A의 최신 배치 부대는 공군전투사령부 예하에서 두 번째로 F-22A 부대가 된 제49전투비행단이다. 수직안정판 코드는 'HO'이며, 사진의 수직안정판 코드 아래에 부대명 '49th FW'가 쓰여 있다.

(사진 제공 : 미국 공군)

홀로먼 기지의 제49전투비행단은 초기 스텔스 전투기 록히드 마틴 F-117을 운용하는 유일한 작전부대였지만, F-117은 모두 퇴역하고 F-22A로 기종을 전환하기 시작했다. (사진 제공 : 미국 공군)

제53비행단

제53비행단은 공군전투사령부 예하 부대이기는 하지만 실전 부대는 아니다. 그 상부 조직은 연구 · 개발 · 시험 · 평가를 임무로 하는 미국 공군 공중전센터이다. 따라서 제53비행단은 미국 공군이 운용하는 모든 작전용 항공기를 몇 대씩 구비해서 장비와 무장의 개발시험과 운용시험을 담당한다. 제53비행단의 사령부는 플로리다 주 에글린 기지에 자리 잡고 있는데, 산하에는 각 기종마다 시험평가비행대대를 편성해서 그 기종에 따라 각각 다른 기지에서 활용한다. F-22A는 제422시험평가비행대대가 네바다 주 넬리스 기지에서 운용하고 있으며, 2003년 5월 12일부터 배치되었다.

제422시험평가비행대대에는 F-22A 외에 공격기 A-10A/C, 전투기 F-15C/D와 F-16C/D, 복합 임무 전투기 F-15E 등의 각 기종에 관련한 작업을 수행한다. 그 작업은 주로 신형기의 실용화에 필요한 시험이지만, 실용화된 후에도 새로운 무장 능력을 추가하기 위한 개발이나 항공기에 장착하는 각종 하드웨어와 소프트웨어를 개발하고 확인하는 시험 등 다방면에 걸친 작업을 수행한다.

이런 작업 후에 효과성이 확인되면 부대에 배치된 항공기에 그 기술을 적용함으로써 일선기의 능력을 향상해왔다. 또한, 제422시험평가비행대대에서는 각 기종에 관해 새로운 전술을 개발해서 그 성과를 작전부대에 전파한다.

제53비행단은 F-22뿐만 아니라 미국 공군의 모든 작전용 항공기의 연구 · 개발 · 시험 · 평가를 담당한다. F-22A도 양산형 준비 시험기(PRTV)의 대부분이 이 부대에서 운용한다. 수직안정판 코드는 'OT'이다.

(사진 제공 : 록히드 마틴)

넬리스 기지의 제53비행단 제422시험평가비행대대 F-22A. 동체 옆면과 아랫면의 무장창 덮개가 열린 상태이다.

(사진 제공: 미국 공군)

제57비행단

제57비행단은 제53비행단과 마찬가지로 미국 공군 공중전센터의 예하 부대이다. 이 부대는 네바다 주 넬리스 기지에 사령부를 두며, 적군과 아군으로 나눠 실전처럼 훈련하는 레드플래그(red flag) 훈련을 수행하는 부대로 유명하다. 레드플래그 훈련은 제414전투승무원훈련비행대대와 가상 적군 역할을 담당하는 부대인 제57가상적전술비행전대이다.

또한 제57비행단의 지휘하에는 미국공군무기학교(weapon school)가 있고, F-22A는 미국공군무기학교의 예하 비행대대인 제433비행대대에 배치되었다. 배치를 시작한 때는 2008년 1월 9일이었다.

미국공군무기학교의 임무는 각 기종의 교관 자격을 획득한 조종사에게 그 기종이 운용하는 무장을 사용하는 방법과 전술을 가르치는 일이다. 학생은 모두 교관 자격을 획득한 실력 있는 조종사들이며, 그 학생들이 고도의 무기 운용법을 배우고 나서 각 작전부대의 다른 조종사에게 전수함으로써 전투기 조종사 전체의 기량을 향상하고자 하는 것이다.

미국 공군이 발족한 지 얼마 되지 않은 1940년대 말부터 이런 교육을 시작하였고, 처음에는 사격학교로 시작하였었다. 당시에는 아직 공대공 미사일이 없었기 때문에 기관총이나 기관포를 사용해서 적기를 격추하는 전술을 가르쳤다. 공대공 미사일을 운용하기 시작하자 부대 명칭을 미국공군전투기무기학교(fighter weapon school)로 바꾸었다. 그리고 1992년에 공군전투사령부가 설립되고 폭격기 조종사도 교육하기 시작하면서부터 현재의 공군무기학교라는 명칭으로 변경했다.

제433비행대대의 F-22A. 무기 운용법 등을 교육하는 데 사용한다. (사진 제공 : 미국 공군)

제57비행단의 지휘하에는 가상 적군 역할을 담당하는 부대인 제57가상적전술비행전대도 소속되어 있다. 예하 3개 비행대대는 보잉 F-15 이글, 록히드 마틴 F-16 파이팅 팰컨 등을 운용한다. 사진은 제64가상적비행대대의 F-16C이다. (사진 제공 : 미국 공군)

태평양 공군

미국 공군은 작전부대의 대부분을 미국 본토에 배비하고 있지만, 일부 부대는 외국에 주둔하고 있다. 작전행동을 더욱 원활히 수행할 수 있도록 태평양 지역과 유럽 지역에는 독립된 조직으로 편성해 두고 있다. 이 가운데 태평양 지역을 담당하는 것이 태평양 공군이다.

이전에 태평양 공군은 하와이 주와 태평양 지역에 배치된 부대들로 편성되어 있지만, 1992년 6월의 대규모 조직 개편 때 알래스카 주의 부대까지 태평양 공군의 지휘하에 들어갔다. 사령부는 이전과 마찬가지로 하와이 히컴 기지에 두었다. 태평양 공군은 히컴 기지의 제15공수비행단을 제외하고는 지역마다 번호공군(numbered air force)으로 편성해서 그 휘하에 비행단을 둔다.

- 제5공군(일본 요코타), 제18비행단(일본 가데나), 제35전투비행단(일본 미사와), 제374공수비행단(일본 요코타)
- 제7공군(한국 오산), 제8전투비행단(한국 군산), 제51전투비행단(한국 오산)
- 제11공군(알래스카 엘먼도프), 제3비행단(엘먼도프), 제354전투비행단(에일슨)
- 제13공군(괌 앤더슨), 제36비행단(앤더슨)

제13공군은 부대 조직만 존재할 뿐 항공기는 운용하지 않는다.

태평양 공군은 알래스카, 하와이, 괌, 한국, 일본에 부대를 둔다. 사진은 알래스카 엘먼도프 기지의 비행 대기선이다.
(사진 제공 : 미국 공군)

일본 아오모리 현 미사와 기지의 제35전투비행단도 태평양 공군 예하의 부대이다. 록히드 마틴 F-16C/D 파이팅 팰컨을 갖춘 제13전투비행대대와 제14전투비행대대로 구성된다.
(사진 제공 : 록히드 마틴)

제3비행단

알래스카 주 엘먼도프 리처드슨 기지의 제3비행단은 혼성비행단으로서 전투기, 수송기, 공중경보통제기(AWACS) 등을 운용하는 비행대대를 산하에 둔다. 부대의 기원은 1919년에 편성된 감시 부대인데, 제1차 세계대전과 제2차 세계대전 사이의 기간에 미국 육군의 공격 부대가 되었고, 이후 전투부대로 활동해왔다. 베트남 전쟁이 끝난 후 태평양 지역에 영향력을 넓히기 위해 제3전술전투비행단으로서 필리핀 클라크 기지에 주둔하기 시작했다. 그러나 1991년 6월, 필리핀 피나투보 화산이 분화해서 기지를 더 이상 사용할 수 없게 되자 철수하기로 결정하고, 1991년 12월에 엘먼도프 리처드슨 기지로 이동했다.

제3비행단은 미국 공군에서 두 번째로, 태평양 공군에서 첫 번째로 F-22A를 운용하는 부대이다. 태평양 공군에서 유일하게 F-15E 스트라이크 이글 전투폭격기로 편성되어 있었다. 제90전투비행대대가 2007년 8월 8일부터 F-22A로 기종전환을 시작했다. 또한, 2007년 10월 29일에 제525전투비행대대가 제3비행단 예하로 편입되어 2008년 8월부터 F-22A로 편성하기 시작했다. 2008년 중에 제3비행단의 2개 비행대대를 F-22A로 완편한다.

제3비행단 제90전투비행대대의 F-22A 6대가 2008년 7월부터 8월까지 약 1개월 동안 괌의 앤더슨 기지로 이동해서 정글 쉴드(jungle shield) 훈련에 참가한 것이 F-22의 두 번째 해외 전개였다.

태평양 공군 제3전투비행단의 F-22A. 먼저 제90전투비행대대가 F-15E에서 F-22A로 기종을 전환했다. 사진은 제90전투비행대대의 F-15E(앞쪽)와 F-22A의 편대비행이다. 수직안정판 코드는 'AK'이다.
(사진 제공 : 미국 공군)

제3비행단의 F-22A 2007년 2월 12일 마리에타 공장에서 촬영한 공개식 행사 장면. (사진 제공 : 미국 공군)

공군예비대와 주방위공군

미국 공군은 제1선 작전부대의 활동을 보조하기 위해 공군예비대와 주(州)방위공군이라는 2가지 제2선 작전조직을 운용하고 있다. 이들 조직도 제1선 부대와 동일하게 장비하고 있으며, 미국 본토 방어와 해외 작전행동에 참가한다. 따라서 이 부대에도 F-22A가 배치되었다. 하지만 F-22A의 조달 수량이 큰 폭으로 삭감되었기 때문에 같은 기지에서 운용하는 제1선 부대의 항공기를 공동으로 사용한다.

랭글리 유스티스 기지에서는 버지니아 주방위공군의 제192전투비행단 산하의 제149전투비행대대가 F-22A를 운용한다. 이 부대는 2007년 6월 20일에 주방위공군으로서는 처음으로 F-22A를 사용해서 임무비행을 수행했다. 제3비행단에 F-22A를 배치하면서 엘먼도프 리처드슨 기지에 공군예비대 예하의 부대로서 제477전투비행전대를 편성하고 그 휘하에 제302전투비행대대를 두었다. 제477전투비행전대는 F-22A를 제3비행단과 공동으로 사용한다. 홀로먼 기지에서도 공군예비대 예하에 제44전투비행전대를 편성하여, 그 휘하에 제301전투비행대대를 두었다. 제301전투비행대대는 이후 F-22A를 운용할 예정이었지만, F-22A 배치계획을 중단함으로써 이 부대는 해체되었다.

주방위공군 가운데 처음부터 F-22를 배치한 유일한 부대가 하와이 주방위공군 제154전투비행단 제199전투비행대대이다. 2010년 7월 2일부터 배치하기 시작해서 2012년에 완편할 예정이다. 이렇게 하여 F-22의 배치 계획이 완료되었다.

제1선 부대인 공군전투사령부의 활동을 보조하는 공군예비대와 주방위공군, 그 예하 부대에도 작전기를 배비한다. F-22의 경우는 조달 수량이 적기 때문에 제1선 부대와 항공기를 공동으로 사용한다. 엘먼도프 리처드슨 기지에서는 공군예비대의 제477전투비행전대가 제3비행단과 항공기를 공유한다.

(사진 제공 : 미국 공군)

펄하버 히컴 기지 제199전투비행대대의 F-22A. 주방위공군 가운데 유일하게 F-22를 직접 운용하는 부대다.

(사진 제공 : 미국 공군)

공군교육훈련사령부

공군교육훈련사령부는 미국 공군의 조종사와 항공기 정비사 등을 양성하는 조직이다. 텍사스 주 랜돌프 기지에 있다. 전투기 조종사 후보생은 우선 터보프롭 엔진 연습기 T-6A로 비행훈련을 시작하고, 고등훈련과정에서 초음속으로 비행할 수 있는 T-38A로 훈련을 받는다. 이 훈련을 이수한 후 제1선 부대가 운용하는 것과 동일한 작전기종으로 훈련을 받는다. 따라서 공군교육훈련사령부에는 F-16C/D와 F-15C/D를 운용하는 비행단이 속해 있고, F-22A를 운용하는 비행대대도 하나 있다.

조종사 후보생은 일반적으로 T-6A로 비행훈련을 받은 후 각자의 희망과 적성에 따라 진로가 나뉜다. 폭격기, 공중급유기, 수송기 등 대형기 조종사 후보생은, 제트기의 경우 공군교육훈련사령부 내의 T-1A 훈련기를 장비한 부대에서 훈련을 받지만, 터보프롭 항공기의 경우는 미국 해군의 훈련부대에서 교육을 받는다. 이는 훈련기를 미군 전체에 골고루 장비하기로 했기 때문이다. 또한, 헬리콥터 조종사 후보생은 미국육군의 훈련부대에서 교육을 받는다.

어떤 경우든 마지막 일선기로 이행하는 단계에서는 또 다시 공군교육훈련사령부로 돌아와서 마무리 훈련을 받는다. 따라서 공군교육훈련사령부는 전투기뿐 아니라 C-17A, C-130E/J, MC-130H/P, KC-135R, UH-1H/N, HH-60G, CV-22B 등의 기종도 운용하며, 각 기종의 전담훈련비행대대로 편성된다.

공군교육훈련사령부는 조종사 양성이 주임무이다. 모든 조종사 후보생은 우선 T-6A 텍산Ⅱ로 기본적인 조종훈련을 받는다. (사진 : 아오키 요시토모)

전투기 조종사 양성 과정의 고등 훈련에서 사용하는 초음속 훈련기 T-38A 탈론. (사진 제공 : 미국 공군)

제325전투비행단

개발 · 시험 부대를 제외하고 처음으로 F-22A를 배치한 곳은 공군 교육훈련사령부 예하 플로리다 틴들 기지의 제325전투비행단이다. 원래 이 부대는 요격전투기부대였지만 1960년 3월에 일시적으로 폐지되었었다. 1981년 7월에 항공기의 무기를 훈련하는 부대로 재편했다. 1984년 4월에 F-15의 실전전환훈련을 시작했다.

이처럼 제325전투비행단은 F-15C/D 조종사 양성을 임무로 하는 3개의 F-15C/D 비행대대로 구성되었지만, 현재는 제43전투비행대대를 F-22A로 기종을 전환해서 F-22A 조종사를 양성하고 있다. 2002년 9월 26일 F-22A가 배치되었고 10월 25일에 정식으로 F-22 비행대대가 되어 가장 먼저 교관 양성교육을 개시했다. 이어서 2003년부터는 조종사 훈련생 교육을 시작했다.

당초 다른 전투기를 조종한 경험이 있는 고참 조종사만이 F-22A 조종사로 전환하였지만, 2008년부터는 훈련기로 훈련을 막 끝낸 초임자들도 F-22A의 조종사로 양성하기 시작했다. F-22는 훈련용 2인승을 만들지 않았기 때문에 훈련생은 먼저 시뮬레이터로 확실히 훈련을 받고 난 후 실제 비행훈련에 돌입한다.

또한, F-22의 정비사는 텍사스 주 셰퍼드 기지에 마련된 전용 훈련시설에서 일괄적으로 교육을 받는다.

틴들 기지의 제325전투비행단은 F-22A의 조종사를 양성하는 부대이다. 제43전투비행대대의 F-22A는 25대이다. 수직안정판의 코드는 'TY'이다. (사진 : 아오키 요시토모)

제325전투비행단의 2개 전투비행대대는 지금도 보잉 F-15C/D 이글 조종사를 양성한다. (사진 제공 : 미국 공군)

공군물자사령부

미국 공군에서 항공기에 관한 연구 · 개발 · 시험 · 평가를 임무로 하는 조직이 공군물자사령부이다. 이전에는 개발시험을 실시하는 공군시스템사령부와 병참지원을 하는 공군병참사령부가 별도로 편성되어 있었지만, 1992년 미국 공군의 조직 개편 때 하나로 합쳐서 공군물자사령부로 편성하였다. 사령부는 오하이오 주 라이트패터슨 기지에 있다.

예하 조직으로는 캘리포니아 주 에드워드 기지에 자리 잡은 공군비행시험센터와, 플로리다 주 에글린 기지에 있는 항공무기센터가 있다. 이 두 센터는 대규모 비행 부대를 거느린다. 그 외에도 오하이오 주 뉴아크 기지의 항공우주유도기상센터, 애리조나 주 데이비스 몬슨 기지의 항공우주정비재생센터, 테네시 주 아놀드 기지의 아놀드기술개발센터, 매사추세츠 주 핸스컴 기지의 전자시스템센터, 유타 주 힐 기지의 아놀드항공병참센터(제309정비비행단), 오클라호마 주 팅커 기지의 오클라호마시티항공병참센터(제76정비비행단), 조지아 주 로빈스 기지의 워너로빈스항공병참센터(제402정비비행단)가 있다. 덧붙여, 라이트패터슨 기지에 있는 미국 공군 박물관도 공군물자사령부가 관리한다.

비행 부대를 거느리는 공군비행시험센터는 항공기 자체의 개발과 시험을 담당하고, 항공무기센터는 운용하는 무기의 개발과 시험을 담당한다.

미국 공군의 공군물자사령부는 공군이 운용하는 여러 가지 기종에 대한 비행시험과 지원 활동을 주요 임무로 맡고 있다. 사진은 무장창에 AIM-120C를 장착하는 작업이다. (사진 제공: 미국 공군)

F-22A 3호는 비행시험 중에 제한 하중을 초과한 11.7G의 하중으로 비행했기 때문에, 비행을 정지하고 2008년 1월 18일부터 미국 공군 박물관에 전시하였다. 이 박물관은 공군물자사령부가 관리한다. 사진은 F-22를 박물관에 납입할 때의 기념식이다. (사진 제공 : 미국 공군)

제412시험비행단

에드워드 기지의 공군비행시험센터 제412시험비행단은 공군물자사령부 예하의 부대로 미국 공군에서 가장 먼저 F-22A를 운용하기 시작한 부대이다. 제412시험비행단은 기종별로 비행대대를 편성하고 있는데, 폭격기만은 3기종(B-52H, B-1B, B-2A)을 한 비행대대로 편성하였다. F-22A는 제411시험비행대대에 속하고, 공군 요원과 록히드 마틴 직원으로 구성한 합동 시험단이 각종 작업을 수행한다.

1998년 2월에 이 부대에 F-22A를 처음으로 배비하였다. F-22를 분해된 각 블럭은 주날개 및 동체 등 커다란 부위별로 분해하여 육로로 옮겼다. 그것을 부대에서 재조립해서 5월 17일에 시험 비행에 들어갔다. 기술 및 제작 개발(EMD)기로서 만든 양산형 첫 9대는 모두 제411시험비행대대에 먼저 배치하였고, 양산형 준비 시험기(PRTV) 첫 2대도 우선 이 비행대대에 배치하였다. PRTV는 그 후 제422시험평가비행대대로 이전했다.

9대의 EMD는 제411시험비행대대에서 계속 운용했지만, EMD 3호는 비행시험 중에 제한 하중을 초과하는 바람에 비행을 중단하고, 미국 공군 박물관에 전시하였다. 또한 5호도 비행임무를 맡지 않고, 조종사가 지상에서 조작 순서를 학습하기 위한 GF-22A로 전환하여 랭글리 기지의 제1전투비행단에서 사용한다.

F-22의 개발 · 운용 시험을 임무로 하는 제412시험비행단 제411시험비행대대의 F-22A. 각종 작업은 미국 공군 요원과 제조사인 록히드 마틴 직원으로 구성된 합동시험단이 수행한다. (사진 제공 : 록히드 마틴)

개발 비행시험 과정에서 커다란 받음각의 자세로 AIM-9M 사이드와인더를 발사하는 제411시험비행대대의 F-22A. (사진 제공: 미국 공군)

록히드 마틴의 작업 분담

F-22는 록히드가 발달형 전술 전투기(advanced tactical fighter, ATF) 계획에서 채택된 기종이다. 앞에서 설명했듯이, ATF 계획의 실증/확인(Dem/Val) 단계에서 미국 공군은 각 제작사가 팀을 이루는 것을 허용했다. 이에 따라 록히드는 제너럴 다이내믹스, 보잉과 함께 팀을 꾸렸다. 그리고 ATF에 채용되는 경우에 각사가 동일한 작업 비율(각사가 1/3씩)로 항공기를 제작하겠다고 약정했었다.

그런데 록히드는 1993년 3월에 제너럴 다이내믹스의 전술 항공기 부문을 매수했고, 그 결과 작업 비율은 2/3가 되었다. 그리고 1995년 3월에는 마틴 마리에타와 합병함으로써 회사명을 록히드 마틴으로 바꾸었다. 록히드 마틴이 F-22와 관련해 맡고 있는 작업은 다음과 같다.

- 마리에타 공장(구 록히드): 무기체계로서의 전체적인 조립 작업, 조종석과 공기흡입구를 포함하는 동체 앞부분의 개발과 제작, 수직안정판과 수평안정판 및 주날개의 제작, 뒷부분 동체의 앞쪽 가장자리와 에일러론 및 플랩프론의 제작, 착륙장치의 제작, 전자기기 기술의 개발과 기능 설계(시현장치, 조작장치, 에어 데이터 시스템, 센서 등), 최종 조립.
- 포트워스 공장(구 제너럴 다이내믹스): 중앙 동체의 제작, 무장 관련 장비의 제작, F-22 전용 전자전 시스템 개발과 제작, 통신 · 항법 · 식별(CNI) 시스템의 집성 작업, 장착품 관리 및 관성항법장치의 개발과 제작, 지원 시스템 개발.

또한, 마리에타 공장에서 완성된 항공기는 같은 공장에서 도장작업 등을 끝낸 뒤 비행시험을 거쳐서 공군에 인도한다.

조지아 주 애틀랜타 교외 마리에타의 F-22 최종 조립 라인. (사진 제공: 록히드 마틴)

보잉의 작업 분담

보잉은 록히드와의 약정에 따라 F-22 전체 작업의 1/3을 맡았다. 그림과 같은 주요한 작업은 시애틀 공장을 중심으로해서 작업한다. 제작하는 주요 부분은 주날개와 동체 뒷부분이다. 엔진 부착부의 제작과 추력 변향식 배기구를 장착하는 작업도 포함된다. 그 외에는 훈련 시스템이나 조종사의 생명 보장 시스템의 개발과 제작, 화재 방호 시스템의 개발, 항공기 전체의 스텔스 코팅 도장과 적외선(IR) 방출 절감책의 개발 등도 담당한다. 보잉의 역할에서 중요한 것이 전자기기의 융합 작업이다. 보잉은 이를 위해 757 여객기를 개조하여 전자기기 비행시험장치를 만들었다.

이 757 비행시험기는 기수를 F-22와 동일하게 만들고, 그 안에 AN/APG-77 레이더를 장착했다. 그 외에도 실제 F-22에서 사용하는 것과 똑같은 통신 · 항법 · 식별(CNI) 장치나 방어용 전자장치, 데이터 링크(IFDL) 장치 등도 장착했다. 757의 앞부분 동체 위에 작은 날개 모양의 돌출물에 CNI 관련 장치나 방어용 전자기기들과 관련 장치들을 장착했다. 또한, 객실 앞부분 왼쪽에 F-22의 조종석을 그대로 재현하여 각종 장치의 동작 상황을 모니터링할 수 있게 하였다.

보잉은 F-22에서는 록히드 마틴과 공동으로 작업하지만, 합동공격전투기(joint strike fighter, JSF)에서는 경쟁했다. 그러나 보잉의 제안은 탈락하였다.

F-22 프로그램에 파트너로 참가한 보잉은 전자기기의 연구 · 개발 작업도 담당한다. 사진은 그 작업에 사용하는 보잉 757을 개조한 시험기이다. (사진 제공 : 보잉)

보잉은 시애틀 공장에서 주날개와 동체 뒷부분을 제작한다. 사진은 주날개를 제작하는 모습이다. (사진 제공 : 보잉)

column

수출하지 않는 F-22

F-22는 스텔스를 비롯한 수많은 최첨단 고도 기술을 적용했기 때문에 가격이 매우 비싸다. 이 고가의 전투기를 구입할 수 있는 나라는 거의 없지만, 완전히 없는 것은 아니다. 구입을 희망하는 나라 가운데 하나가 바로 일본이다. 일본은 항공자위대의 차기전투기계획에서 검토 대상 기종으로 F-22를 꼽았다. 항공자위대는 현재의 F-15까지 미국 공군의 주력 전투기와 동일한 기종을 사용해왔기 때문에, 다음 전투기로는 F-15의 후속 기종으로 개발된 F-22를 채택하는 것이 자연스러운 흐름이라고도 할 수 있다.

그러나 미국 의회는 F-22의 수출을 승인하지 않았고, 미국 정부도 그 결정을 따랐다. 가장 큰 이유는 고급기술의 유출을 차단하기 위해서이다. 원래부터 ATF로 결정하는 항공기는 수출하지 않을 것을 전제로 개발하였다고 알려져 있다. 수출을 위해 능력 저하형을 개발할 것을 고려하기도 했지만, 시스템 전체를 융합한 F-22를 다운사이징(능력을 줄이는 일)하기는 불가능하다. 미국 공군용 조달이 거의 종료된 현재로서는, F-22를 수출할 때 얻을 수 있는 이점이 없다.

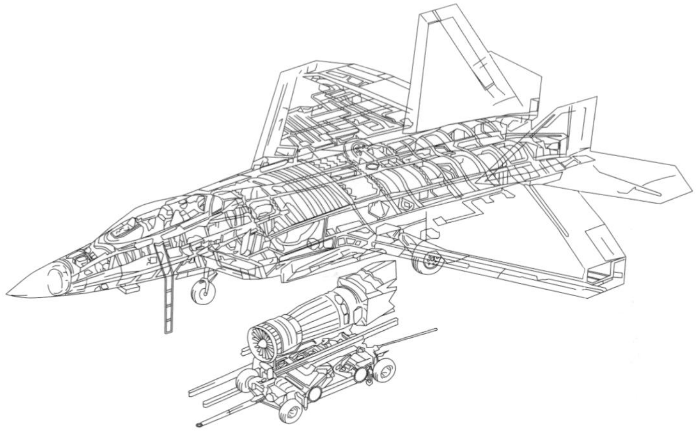

제6장 제트전투기의 세대 구분

F-22를 5세대 전투기라고 부른다. 5세대에 이르기까지 어떤 전투기들이 개발되어 왔을까? 이 장에서는 1세대에서 5세대에 이르기까지의 전투기들의 특징을 살펴보고, 각 세대를 대표하는 전투기에 관해 간명하게 설명한다.

항공기의 세대 구분

전투용 항공기의 세대는 적용된 기술이나 등장 시기에 따라 구분한다. 전투기뿐만 아니라 여객기나 헬리콥터도 세대로 나누어 논하는 경우가 많다. 특히 동일한 시기에 등장하는 항공기는 거의 동일한 수준의 기술을 사용하기 때문에, 항공기의 세대 구분은 비교적 간편하다.

록히드 마틴은 F-22와, 그 후속으로 개발하는 F-35를 **5세대 전투기**라고 부른다. 지금까지 살펴봤듯이 F-22에는 기존 전투기에 없던 수많은 신기술이 사용되었으므로 신세대 전투기라고 구분해서 다른 전투기와 차별화하려는 것이다. 한편, 현재 다른 전투기 제작사들은 5세대 전투기라는 명칭에 동의하지 않는 경우가 많다. 그들의 작품 또한 새로운 기술을 적용한 신세대 전투기인 만큼 F-22에 전혀 뒤떨어지지 않는다는 주장이다. 하지만 F-22가 스텔스성, 초음속 순항 능력, 초기동성 면에서 한발 앞서는 것은 사실이다. 다른 제작사들도 '공중전 능력에 한해서 말하자면……'이라는 단서를 달거나 F-22의 스텔스성에 관해 의문을 표하기는 하지만, F-22가 뛰어난 전투기라는 점만큼은 인정한다.

F-22가 과연 지금까지의 전투기와 세대를 달리하는 것이 온당한지는 앞으로의 역사가 증명해주겠지만, 적어도 추후에 개발될 전투기는 F-22를 기준으로 능력을 평가받게 될 것임은 틀림없다.

제트전투기 시대에 들어선 이후로 세대가 벌써 4번이나 바뀌었다. 록히드 마틴과 미국 공군은 F-22A가 새로운 세대의 막을 올렸다며 F-22A를 5세대 전투기라고 부른다. (사진 제공 : 프랫 & 휘트니)

F-22의 뒤를 이은 5세대 전투기 록히드 마틴 F-35 라이트닝 II. 그러나 F-35를 5세대 전투기라 부르는 데에 대해 다른 전투기 제작사들은 위화감을 품고 있다. (사진 제공 : 록히드 마틴)

제트전투기의 탄생

제트엔진은, 엔진 내부 연소에 의해 발생한 고온고압의 가스를 고속으로 분사하여 그 반동력으로 추진력을 얻는 엔진을 말한다. 제트엔진을 항공기의 추진장치로 사용하려는 연구는 1920년대에 시작되었다. 이 연구는 특히 영국과 독일에서 활발히 이루어졌고, 제2차 세계대전 중에 제트엔진을 장착한 항공기를 만들었다. 실제로 독일은 제트기를 실용화해서 전투에 투입했다.

세계 최초의 실용 제트전투기는 메서슈미트(Messerschmitt) Me262였다. Me262는 처음부터 제트엔진을 장착하려는 계획으로 설계하였다. 엔진 개발에 시간이 많이 걸렸기 때문에 1941년 4월 18일 초도비행을 할 때에는 피스톤 엔진을 사용했다.(역자주: 연소에 필요한 고압의 공기를 피스톤 엔진으로 구동하는 압축기에서 얻었다.) 온전한 제트엔진을 장착한 항공기가 처음으로 비행한 때는 1942년 3월 25일이었다. 제트전투기는 이렇게 완성되었지만, 히틀러가 "Me262는 고속 폭격기에 더 적합하다"고 말하는 바람에 개발작업에 혼란이 생겼다. 그럼에도 불구하고 1944년 7월에 독일 공군(루프트바페)의 전투기로 취역했고, 제2차 세계대전이 끝날 때까지 1,430대 정도를 제작하여 연합군의 폭격기와 전투기를 요격하는 데 투입하였다.

Me262를 상대한 연합군 조종사는 한결같이 Me262의 고속성에 놀라움을 표했다. 하지만 Me262는 고속으로 비행할 수 있는 대신에 운동성이 매우 나빴다. 그래서 고속으로 표적을 향해 돌진해서 사격을 하고 그대로 빠져나오는 전법을 기본으로 사용했다. Me262는 역사에 이름을 남긴 전투기임은 틀림없지만 독일의 이미 기울어진 전세를 만회할 수는 없었다.

제트엔진을 사용한 항공기의 연구 · 개발은 제2차 세계대전이 발발하기 전에 이미 시작되었다. 그러나 세계대전 중에 제트전투기가 본격적으로 실전에 투입된 것은 독일 공군의 메서슈미트 Me262뿐이었다.
(사진 제공 : 스미스소니언 박물관)

영국도 1943년 3월 5일에 첫 제트전투기 글로스터 미티어를 처음으로 비행시켰고, 1944년 7월부터 부대에 배치하기 시작했다.
(사진 제공: 영국 국방부)

1세대 제트전투기의 특징

제2차 세계대전 중에 전투에 사용한 제트전투기는 독일의 Me262 뿐이었지만, 영국이나 미국도 제트전투기를 개발하고 있었다. 영국은 1943년 3월 5일에 글로스터 미티어(Gloster Meteor)를 완성했다. 글로스터 미티어는 적기와 공중전을 벌인 적은 없지만 영국 공군에는 정식으로 배비한 상태였다. 또한, 미국도 1942년 10월 1일에 벨 P-59 에어라코멧을 완성했다. 하지만 이런 초기 제트기들은 제트엔진을 추진력으로 실용화하는 데에만 초점을 두었다. 대다수가 고속이었지만, 운동성은 떨어졌다. 게다가 벨 P-59는 고속성조차 위태로웠고 프로펠러 전투기 P-51과 거의 동일한 성능밖에 낼 수 없었다.

제2차 세계대전이 끝나고 제트기 기술이 크게 발전한 이유는 독일을 무너뜨린 연합국이 독일의 제트기에 관한 풍부한 연구 자료를 확보하고 그 연구를 더욱 심화한 데 있었다. 그중에서도 주날개를 비스듬히 후방으로 향하게 해서 동체에 부착하는 후퇴익 연구는 제트기의 성능을 더욱 높이는 동시에 운동성까지 향상할 수 있는 열쇠가 되었다. 미티어와 P-59, 그리고 미국의 초기 성공작인 록히드 P-80은 모두 프로펠러 전투기와 마찬가지로 후퇴각이 없는 직선익을 사용했다. 그러나 후퇴익을 개발하면서 전투기는 본격적인 제트의 시대를 맞이하게 되었다. 그리고 1950년 6월에 발발한 한국전쟁에서는 제트전투기끼리 처음으로 공중전을 치르기에 이르렀다.

미국의 첫 제트전투기 벨 P-59 에어라코멧. 제트엔진을 장착했지만, 속도 성능은 당시의 프로펠러 전투기와 별반 다르지 않았다.
(사진 제공 : 미국 공군)

미국이 처음으로 양산한 제트전투기 록히드 P-80A 슈팅스타. 주날개는 후퇴각이 없는 직선익이다.
(사진 제공 : 미국 공군)

1세대 제트전투기의 대표 기종

1세대 제트전투기는 독일의 Me262나 영국의 글로스터 미티어로 시작해서, 초음속화하거나 레이더를 장착하기 전까지의 전투기를 말한다. 또한, 무장 면에서는 미사일을 아직 운용하지 않고, 로켓을 사용하기는 했지만 그보다는 기관총이나 기관포가 주류였다. 1세대의 대표 기종은 Me262를 빼놓을 수 없다. 그러나 그 후의 제트전투기의 발전상을 살펴봤을 때 전투기의 종합적인 능력 면에서 Me262의 평가는 높지 않다.

1세대를 대표하는 전투기로는 후퇴익을 적용해서 전투력을 한층 높인 미국의 노스아메리칸 F−86 세이버(saber)와 소련의 미코얀 MiG−15 파곳(fargot)을 들 수 있다. F−86은 1944년에 개발을 시작했다. 처음에는 직선익을 사용하는 설계였지만, 후퇴익과 관련된 독일의 데이터를 입수한 후 후퇴익으로 설계를 변경하여 1947년 10월 1일에 초도비행을 했다. 한편, MiG−15도 1946년에 독일의 기술 자료를 참고로 연구를 시작해서 1947년 4월에 시제기 제작허가를 받았다. 시제기인 I−130은 그해 12월 30일에 초도비행을 했고, 1948년 12월 31일에 양산형이 비행했다. MiG−15는 고속성과 운동성을 겸비한 전투기로, 이전까지의 제트전투기를 완전히 능가하는 전투력을 보였다. 1950년 11월의 한국전쟁에서 MiG−15가 나타나자 미군은 그에 맞서기가 벅찼고, 급기야 F−86을 투입하기로 결정했다. 그 이후 F−86과 MiG−15는 라이벌이 되었다.(역자주: F−80의 엔진과 Mig−15의 엔진은 영국의 롤스로이스 엔진을 바탕으로 하여 새로이 만든 것들이다.)

1세대 제트전투기는 주날개를 후방으로 향하는 후퇴익을 갖춤으로써 성능이 크게 향상되었다. 사진은 1세대의 노스아메리칸 F-86F 세이버이다. (사진 제공 : 미국 공군)

소련의 1세대 제트전투기 MiG-15의 발전형인 MiG-17 프레스코. 사진은 미국의 민간 소유기로, 에어쇼에서 비행 전시를 하는 장면이다. (사진 : 아오키 요시토모)

2세대 제트전투기의 특징

제트전투기가 이전까지의 프로펠러식 전투기와 크게 다른 점은 무엇보다도 비행 속도였으며, 이 고속성이야말로 제트기의 큰 매력이라고 할 수 있었다. 그 결과 고속 성능을 향상하는 데 더욱 박차를 가해 각국에서는 음속을 돌파하는 초음속 비행에 도전하게 되었다. 세계 최초로 수평비행 상태에서 초음속으로 비행한 사람은 미국의 척 예거(Chuck Yeager)이며, 1947년 10월 14일에 벨 X-1으로 마하 1을 돌파했다.

이 초음속 비행의 성공은 초음속 실용 전투기의 개발로 이어졌다. F-86과 MiG-15도 급강하할 때 음속을 돌파할 수 있었지만 실용적인 기술은 아니었다. 세계 최초의 실용 초음속 전투기는 미국의 노스아메리칸 F-100 슈퍼세이버이며, 1953년 5월 25일에 원형기가 초도비행을 했다. 최대 속도는 마하 1.3이었다.

고속 성능과 아울러 항공기에 장착하는 전자기기가 크게 발달했다. 그중에서도 육안 시야보다 훨씬 먼 곳의 표적을 파악할 수 있는 전투기 장착용 레이더의 개발이 돋보였다. 레이더는 단순히 표적을 포착할 수 있을 뿐 아니라, 사격 기능과 연동하여 정확한 조준을 할 수 있었다. 이는 실용화된 공대공 미사일을 효과적으로 운용하여 공격하는 것이 목적이었다. 또한, 미국의 F-106 델타다트 같은 요격 전투기는 지상의 경계관제시스템과 연동한 자동 요격 체계도 실용화되었다.

초음속 비행 능력, 레이더 등의 전자기기 장착, 공대공 미사일의 운용 등 오늘날 전투기의 기초는 2세대 전투기에서 모두 다 만들어졌다고 할 수 있다.

2세대 제트전투기는 초음속으로 비행할 수 있었다. 사진은 미국 최초의 실용 초음속 전투기 노스아메리칸 F-100D 슈퍼세이버이다.
(사진 제공: 미국 공군)

델타형 날개를 지닌 미국 공군의 요격 전투기 콘베어 F-106 델타다트는 자동 요격 시스템을 갖춘, 2세대 제트전투기의 최고봉이라고 할 만했다.
(사진 제공 : 미국 공군)

2세대 제트전투기의 대표 기종

1950년대 중반 냉전이 심화되자 각국은 새로운 전투기들을 많이 개발하기 시작했다. 그때 만든 전투기들이 제트전투기의 제2세대를 구성했다. 또한, 엔진의 추력을 키우는 기술도 발전했고, 폭탄을 많이 장착할 수 있는 본격적인 전투폭격기도 탄생했으며, 각 임무 분야에 특화한 항공기들도 여러 가지 등장하기 시작했다.

미국은 공군용 록히드 F-104 스타파이터와 콘베어 F-106 델타다트, 해군용 보트 F8U 크루세이더(후에 F-8)가 요격 임무에 특화된 2세대의 대표적인 전투기라고 할 수 있다. 또한, 큰 공격력을 보유한 리퍼블릭 F-105 선더치프도 이 시대의 항공기이다.

이 시대 소련의 전투기로는 미코얀 MiG-21 피시베드를 꼽을 수 있다. 마하 2의 고속 성능을 지닌 이 전투기는 당초에는 간소한 레이더만을 장착한 주간 전투기였다. 하지만 후에 레이더를 개량한 전천후 전투기형이나, 공대지 공격 능력을 부가한 다용도 전투기형으로 발전했다. MiG-21은 양호한 조종성, 간소한 운용 방식, 뛰어난 생산성 덕분에 다른 동유럽 국가들에서도 표준적인 전투기로 널리 사용했다.

서유럽에서도 많은 전투기를 개발하였는데, 그중에서 성공을 거둔 것은 프랑스의 다소 미라주Ⅲ이다. 미라주Ⅲ는 제2차 세계대전 중에 독일에서 연구했던 델타형 날개(삼각 날개)를 채용했고, 수평안정판을 갖추지 않은 형상을 지녔다. 또한 기수에는 강력한 레이더를 장착했다.

참신한 스타일과 뛰어난 고속 · 상승 성능 때문에 마지막 유인 전투기라고도 불렸던 록히드 F-104 스타파이터.
(사진 제공 : 미국 공군)

MiG-21 피시베드는 소련을 대표하는 2세대 제트전투기이며, 다양한 모델로 10,000대 이상 만들었다. 지금도 MiG-21을 현대화해서 운용하는 국가가 있다. 사진은 루마니아 공군의 MiG-21이며, 개량하여 현대화한 후에는 '랜서'라고 부른다.
(사진 : 아오키 요시토모)

3세대 제트전투기의 특징

3세대 제트전투기는 비행 성능 면에서는 2세대 전투기와 크게 다르지 않다. 초음속 비행 능력, 레이더 장착, 공대공 미사일 운반능력도 모두 2세대 전투기의 사양을 그대로 이어받았다. 하지만 2세대 전투기의 대부분이 요격이든 폭격이든 단일 임무를 중시한 데 비해, 3세대 전투기는 많은 임무를 동시에 해낼 수 있는 다용도화에 주안점을 두었다는 데 커다란 차이점이 있다. 이 다용도화는 장기간에 걸쳐 제작 · 운용된 2세대 전투기 중에서도 후기에 적용되었기 때문에, 2세대 전투기와 3세대 전투기를 확실히 구별하기 힘든 면도 없지 않다.

다용도 전투능력을 갖춘다는 것은 전투기에 장착한 각종 시스템이 복잡해진다는 뜻이기도 했다. 자동화 기술이 개발되기 전이었기 때문에 조종사의 조종 부담은 한층 늘어났다. 그 결과 조종사는 이전보다 더 많은 훈련을 쌓아서 복잡한 시스템을 조작하는 방법에 익숙해져야만 했다.

3세대 전투기의 일부에는 가변 후퇴익이라는 기술도 적용되었다. 이는 비행 중에 주날개의 후퇴각을 변경하는 기술이다. 이착륙을 할 때나 저속으로 기동 비행을 할 때에는 주날개의 후퇴각이 작아야 유리하고, 고속 비행을 할 때에는 후퇴각이 커야 유리하다. 가변 후퇴익 기술을 적용하면 비행 상황에 따라 주날개의 후퇴각을 바꿔가며 항상 최적의 후퇴각을 유지할 수 있다. 다만, 3세대에서는 후퇴각을 조종사가 수동으로 변경해야 했기 때문에 3세대 가변 후퇴익 전투기를 조종하는 조종사의 작업량은 크게 늘어났다.

3세대 전투기에서는 비행 중에 주날개의 후퇴각을 변경할 수 있는 가변 후퇴식 주날개를 장착한 전투기도 탄생했다. 사진은 미국의 제너럴 다이내믹스 F-111이며, 주날개의 각도가 다양하게 변한다.

(사진 제공 : 미국 공군)

소련의 3세대 제트전투기 MiG-23 플로거는 가변 후퇴익을 장착했다.

(사진 제공 : 미국 해군)

3세대 제트전투기의 대표 기종

3세대를 대표하는 전투기로는 가장 먼저 미국의 맥도넬 더글러스의 F-4 팬텀Ⅱ를 들 수 있다. F-4는 미국 해군용으로 개발한 전투기였지만 곧 공군에서도 운용했고, 일본을 비롯한 많은 나라에서도 채택했다. 그 결과 미국제 제트전투기로서는 가장 많은 5,195대(역자주: 제작사 맥도넬 더글러스에서 6,000대 생산 기념식을 크게 열었다.)를 생산했다. F-4는 당시의 전투기로서는 매우 뛰어난 공중전 능력과 공대지 공격 능력을 겸비한 점이 높은 평점을 받았다.

제너럴 다이내믹스의 F-111 아드바크는 가변 후퇴익 전투기이다. 전투기라기보다는 전투폭격기에 가까우며, 한때 미국 해군의 함상방공 전투기로 사용할 것을 고려하기도 했다. 하지만 공군용으로 개발된 전투기를 도입하는 데 거부감이 강했던 해군은 중량이 너무 무겁다는 이유를 들어 채택하지 않았다.

소련은 가변 후퇴익을 사용한 미코얀 MiG-23 플로거를 개발하였다. MiG-23도 운동성과 전투능력을 겸비한 고성능 전투기이며, 레이더 같은 전자기기를 간소화한 공격 전용기 MiG-27도 만들었다. MiG-23과 MiG-27 역시 MiG-21과 마찬가지로 많은 국가들이 채택하였다.

수호이 Su-24 펜서는 F-111의 소련판이라고 할 수 있는 고속 전투폭격기이다. 소련 전투기에서 빼놓을 수 없는 또 하나의 전투기가 있다. 마하 3에 육박하는 고속성과 뛰어난 상승 · 가속 성능을 갖춘 미코얀 MiG-25 폭스배트이다. 2개의 수직안정판과 주날개의 배치는 후에 미국의 F-15에 큰 영향을 미쳤다.

3세대를 대표하는 미국의 제트전투기로 가장 먼저 들 수 있는 것이 맥도넬 더글러스 F-4 팬텀 II 이다. 미국 공군에서는 이미 퇴역했지만, 일부 국가에서는 현재도 여전히 운용하고 있다. (사진 제공 : 미국 공군)

수호이 Su-15 플래곤은 소련이 미국의 보잉 F-4 팬텀 II 에서 영향을 받아 개발했다고 알려진 요격 전투기이다. 수출은 전혀 하지 않고 소련 공군만 운용했다.(역자주: 장거리 요격 임무에 주로 사용하다 대한항공 때 편을 격추하기로 했고, 리비아가 미국과 대결한 때에도 사용한 적이 있다.) (사진 제공 : 미국 국방부)

4세대 제트전투기의 특징

3세대 제트전투기에 이르러서 비행 성능이 확실히 향상되었고, 레이더 같은 전자기기가 크게 진보하였으며, 공대공 미사일도 실용화되었다. 그 결과 앞으로의 제트전투기 시대에는 프로펠러 전투기 시대와 같은 근접전투가 거의 일어나지 않을 것이라는 생각이 생겨났다. 그러나 실제로는 새로운 세대의 제트전투기도 근접전투를 치뤄야 할 환경이 충분히 남아 있었고, 베트남 전쟁에서는 근접전투의 필요성이 크게 강조되었다.

근접전투에서는 에너지를 관리하는 일이 중요하다. 상대보다 에너지가 크면 그만큼 전투에서 유리해진다. 비행 중의 전투기는 위치에너지와 운동에너지라는 2가지 에너지를 지닌다. 위치에너지는 고도가 높을수록 커지고, 운동에너지는 속도가 빠를수록 커진다. 그리고 이런 에너지는 필요에 따라 전환할 수도 있다. 예를 들어, 높은 고도를 비교적 느린 속도로 비행할 때에는 위치에너지는 크고 운동에너지는 작은 상태이다. 하지만 강하하면서 가속하면 위치에너지가 줄어들고 운동에너지가 늘어난다. 한편, 급선회하면 에너지를 소비하게 된다.

4세대 전투기의 가장 큰 특징은 이런 에너지를 관리하면서 공중전을 치를 수 있다는 점이다. 간단히 말해 기동을 심하게 해도 에너지를 잃어버리지 않고, 설령 에너지를 잃어버리더라도 금방 회복할 수 있다는 뜻이다.

덧붙여, 4세대에서는 레이더를 비롯한 탐지장치의 능력도 높아졌고, 다양한 상황에서의 전투능력도 향상되었다.

4세대 제트전투기는 그 이전 세대에 비해 운동성이 높아졌고, 전자기기도 큰 폭으로 발전했다. 사진은 록히드 마틴 F-16C 파이팅 팰컨이며, 21개국이 약 4,500대 이상을 운용하고 있다. (사진 제공 : 록히드 마틴)

4세대 제트전투기의 대표 기종

미국의 그루먼 F-14 톰캣, 맥도넬 더글러스 F-15 이글, 제너럴 다이내믹스 F-16 파이팅 팰컨, 맥도넬 더글러스 F/A-18 호넷 등 4기종을 4세대 제트전투기라고 할 수 있다. 모두 높은 운동성을 지니고 있어서 이전까지의 전투기보다 훨씬 작은 반경으로 선회할 수 있다. F-15는 고속성, 가속성, 상승력이 뛰어나다. F-16은 플라이 바이 와이어 조종 장치 등 많은 신기술을 처음으로 적용한 전투기이고, 소형 · 경량이어서 다루기도 쉬우며, 가격도 비교적 저렴하다. 그런 이유로 미국 외의 많은 나라들이 채택했고 그 덕분에 F-16은 F-4에 이은 베스트셀러가 되었다.

소련에서는 기술적인 문제 때문에 4세대 전투기 개발이 늦어졌다. 그러나 뒤늦게 등장한 미코얀 MiG-29 펄크럼과 수호이 Su-27 플랭커는 미국의 4세대 전투기를 능가하는 운동성을 갖췄다. 또한 레이더와 공대공 미사일도 완전히 신형화해서 전투능력을 높였다.

서유럽의 대표 기종으로는 프랑스의 다소 미라주 2000과, 영국 · 독일 · 이탈리아가 공동 개발한 파나비아 토네이도를 들 수 있다. 미라주 2000은 무미익 델타형(tailless delta) 날개에 플라이 바이 와이어를 조합해서 고속도부터 저속도까지 폭넓은 속도 범위에서 높은 운동성을 발휘한다. 토네이도는 가변 후퇴익이며, 차단 · 공격형과 방공형을 만들었다. 방공형은 F-14와 마찬가지로 주날개 후퇴각을 자동 가변형으로 만들었다.

프랑스의 다소 미라주 2000-5는 유럽을 대표하는 4세대 전투기이다. 다소의 전통적인 무미익 델타형 구성에 플라이 바이 와이어 조종 장치를 조합하는 등 개발 당시의 최신 기술을 빠짐없이 적용했다.
(사진 제공 : 다소)

파나비아 토네이도는 유럽의 3개국이 공동으로 개발한 가변 후퇴익 전투공격기이다. 사진은 이탈리아 공군 제36비행단 소속이며, 동기종 간에 공중급유를 하고 있다.
(사진 제공 : 이탈리아 공군)

4.5세대 제트전투기

최근 전투기 세대 구분에서 4.5세대라는 애매한 개념이 생겨났다. 이것은 말 그대로, 4세대 전투기보다는 나중에 개발되고 실용화되었지만 5세대 전투기의 특징과 요소는 모두 갖추지 못한 전투기를 가리키는 개념이다.

4.5세대라고 부르는 전투기는 물론 4세대 전투기보다 새로운 기술과 개념을 도입해서 개발했고, 운동성을 비롯한 많은 능력이 4세대 전투기를 능가한다. 또한 각종 무장을 혼합 운용할 수 있는 능력도 보유하며, 한 번의 출격으로 공대공 전투와 공대지 공격을 동시에 수행할 수 있는 등, 다용도 전투기로서 운용할 수 있다. 덧붙여, 각종 센서 정보를 융합해서 이해하기 쉬운 포맷으로 조종사에게 보여주는 기능이나 다른 전투기와 정보를 주고받는 데이터 링크 장치를 비롯한 각종 통신 장치를 갖추었다. 이로써 전투정보를 공유할 수 있어서 장래의 네트워크 중심 작전(NCO)에도 적응할 수 있을 것으로 여겨진다.

이것만 보면 5세대 전투기와 크게 다르지 않지만, 스텔스성의 수준이 5세대 전투기보다 떨어진다는 점 때문에 4.5세대라고 부르는 것이다. 이 스텔스 기술은 미국이 전 세계를 리드하고 있고, 고도의 스텔스 기술을 도입한 실용작전기를 만들어 낼 수 있는 나라는 현시점에서 미국 뿐이다. 어쩌면 5세대와 4.5세대라는 세대 구분은 스텔스성 기술적인 우위를 강조하기 위해 미국에서 일부러 만들어낸 말일지도 모른다.

유럽의 신세대 전투기 중에 처음으로 실용화된 스웨덴의 사브 JAS 39 그리펜. 수평꼬리날개가 없고, 델타형 주날개와 그 앞쪽에 배치한 카나드가 특징이다. (사진 제공 : 사브)

4세대 이후 고성능 전투기를 개발하려면 막대한 자금이 필요하다. 그래서 서유럽에서는 국제적으로 협력해서 공동 개발하기도 했다. 사진은 4.5세대 전투기 유로파이터 타이푼이다. 영국, 독일, 이탈리아, 스페인 등 4개국이 공동으로 개발 · 제작한다. (사진 : 아오키 요시토모)

4.5세대 제트전투기의 대표 기종

전투기에서 4.5세대는 대부분 유럽 국가들이 개발한 최신 전투기를 가리킨다. 스웨덴의 사브 JAS 39 그리펜, 프랑스의 다소 라팔, 영국 · 독일 · 이탈리아 · 스페인이 공동 개발한 유로파이터 타이푼 등 4.5세대로 분류할 수 있는 세 기종을 유럽 각국의 공군에서 운용하고 있다. 생산은 계속하면서 업그레이드를 진행하고 있다.

세 기종의 공통점은 무미익 델타형에 카나드 날개를 조합했다는 것이다. 이런 형상은 비행 중 안정성을 의도적으로 흐트러트릴 수 있으며, 불안정해진 항공기를 컴퓨터로 제어하는 플라이 바이 와이어 조종장치를 사용해서 조종함으로써 높은 운동성을 확보할 수 있다. 이런 형상은 미국에서도 적극적으로 연구하고 있다. 그러나 미국은 동체 내에 무장창을 마련하는 데 불리하고 수평안정판의 효과를 강화하면 무미익 델타형일 때와 별반 다르지 않은 운동성을 얻을 수 있다는 점을 이유로 이런 형상을 채택하지 않았다. 이 부분에서 미국과 유럽의 신세대 전투기에 대한 접근법의 차이를 엿볼 수 있다.

미국에서는 4세대 전투기 F/A-18을 대형화하면서 스텔스 특성을 개선하고 최신 전자기기를 장착함으로써 전투능력을 높인 F/A-18E/F 슈퍼 호넷을 개발하였다. 이 슈퍼 호넷 또한 4.5세대의 하나이다. 마찬가지로 러시아의 MiG-29의 발전 개량형인 MiG-35나, Su-27 패밀리의 신세대형인 Su-30/-35도 4.5세대 전투기로 분류할 수 있다.

프랑스는 당초에 서유럽의 공동 전투기 계획에 참가했지만, 그 후 단독으로 개발하기로 하고 계획에서 이탈했다. 프랑스는 다소 라팔을 개발하여 공군과 해군에 배비했다. 4.5세대 전투기이다. 사진은 공군의 2인승 라팔B이다.
(사진 제공 : 다소)

F/A-18의 발전형인 보잉 F/A-18E/F 슈퍼 호넷. 4.5세대 전투기라고 할 수 있다. (사진 제공 : 미국 해군)

F-22에 이은 5세대 제트전투기 계획

미국의 록히드 마틴은 F-22를 보좌할 F-35 라이트닝Ⅱ를 개발하고 있다. F-35는 단발 소형 전투기이다. 초음속 순항 능력은 없지만, 그 외에는 F-22와 동일한 특징을 갖추었기 때문에 록히드 마틴은 F-35를 5세대 전투기로 분류한다. F-35는 개발 시험 단계에 외국 기업을 동반해서 F-16, F-4, A-10, 헤리어 등을 대체할 국제 전투기로서의 가능성을 추구하고 있다.

미국에 필적하는 전투기 개발 대국인 러시아는 전술 공군용 장래 항공 전투 복합체(PAK FA)라는 프로젝트명으로 새로운 전투기를 연구하고 있으며, 수호이가 개발을 담당한다. 현재 T-50이라는 설계명으로 불리는 이 전투기는 긴 전투행동반경, 초음속 순항능력, 매우 작은 레이더 단면적, 초고기동비행능력, 단거리 이착륙능력을 갖추고 F-22와 동등하거나 F-22를 뛰어넘는 능력을 구비하겠다는 목표로 개발하고 있다. 시제 1호는 2010년 1월 29일에 처음으로 비행을 했고, 현재 3대로 비행시험을 진행 중이다.

서유럽은 막대한 개발 경비가 드는 5세대 전투기를 한 국가에서 개발하기는 어렵다고 판단해서, 단독으로 전투기를 개발했던 스웨덴이나 프랑스도 다음 전투기를 독자적으로 개발하지는 않을 것으로 보인다. 따라서 유럽에서 5세대 전투기가 등장하기 위해서는 유럽 국가들이 지금보다 더욱 끈끈하게 연합해야 할 것이다. 지금은 4.5세대 전투기를 제작하고 있는 단계로, 유럽에서 5세대 전투기가 실현된다 하더라도 그것은 먼 훗날의 일일 것이다. 독자적인 전투기를 개발하는 국가로는 중국도 있다. 중국은 신세대 전투기 J-20을 개발하고 있다고 알려져 있다.

록히드 마틴은 F-22에 이어 5세대 전투기 F-35 라이트닝II를 개발 중이다. 사진은 AA-1이라고 부르는 시제기 1호이며, 통상이착륙형 F-35A를 토대로 하여 만들었다. (사진 제공 : 록히드 마틴)

러시아의 수호이가 개발한 T-50, 제5세대 전투기로 보이며 F-22와 마찬가지로 높은 스텔스성, 뛰어난 운동성, 초음속 순항 능력 등을 정비한 것으로 보인다. (사진 제공 : 수호이)

참고문헌

『Lockheed Martin F/A−22 Raptor Stealth Fighter』 Jay Miller(Aerofax, 2005년)

『Lockheed Martin F−22 Raptor An Illustrated History』 Mike Wallace & Bill Holder(Schiffer Publishing, 1995년)

『Jane's All the World's Aircraft 2008−2009』 (Jane's Information Group, 2008년)

『Jane's Air−Launched Weapons Issue 49』 (Jane's Information Group, 2007년)

『The Encyclopedia of World Aircraft』(Aerospace Publishing, 1997년)

『세계의 명기 시리즈 F−22 랩터(世界の名機シリーズ F−22ラップター)』 (이카로스 출판, 2008년)

『전투기 연감 2007−2008(戦闘機年鑑 2007−2008)』 아오키 요시토모(이카로스 출판, 2007년)

『군용기 웨펀 핸드북(軍用機ウエポンハンドブック)』 아오키 요시토모(이카로스 출판, 2005년)

〈월간 에어월드(月刊エアワールド)〉 각호 (에어월드사)

〈월간 J윙(月刊Jウィング)〉 각호 (이카로스 출판)

〈월간 항공 팬(月刊航空ファン)〉 각호 (분린도)

※이 외에 록히드 마틴, 보잉, 미국 공군을 비롯한 각 사의 자료와 홈페이지를 참고했다.

세계 최강의 전투기 F-22 Raptor

지은이 | 아오키 요시토모
옮긴이 | 권재상
펴낸이 | 조승식
펴낸곳 | (주)도서출판 북스힐

등록 | 제22-457호
주소 | 142-877 서울 강북구 한천로 153길 17
홈페이지 | www.bookshill.com
전자우편 | bookswin@unitel.co.kr
전화 | 02-994-0071
팩스 | 02-994-0073

2014년 2월 5일 1판 1쇄 인쇄
2014년 2월 10일 1판 1쇄 발행

값 12,000원
ISBN 978-89-5526-827-0
978-89-5526-729-7(세트)